Soil Mechanics

만화로 쉽게 배우는 **토질역학**

저자 / 가노 요스케(加納 陽輔)

BM (주)도서출판 **성안당**
日本 옴사 · 성안당 공동 출간

만화로 쉽게 배우는 **토질역학**

Original Japanese edition
Manga de Wakaru Doshitsu Rikigaku
By Yosuke Kano and g.Grape Co., Ltd.
Copyright ⓒ 2016 by Yosuke Kano and g.Grape Co., Ltd.
Published by Ohmsha, Ltd.
This Korean Language edition co-published by Ohmsha, Ltd. and
Sung An Dang, Inc.
Copyright ⓒ 2017∼2025
All rights reserved.

머리말

◎ 이 책에 관해서

　이 책을 접하게 된 동기는 '토질역학이란 도대체 무엇일까?' 라는 호기심과 의문을 갖게 된 데서 비롯된 것이 아닐까요? 나도 줄곧 그렇게 생각해오고, 오늘도 어김없이 흙과 더불어 살아가고 있습니다.

이 책은
- "토질역학을 지금부터 공부 좀 해 보려고 하는데…"
- "토질역학을 이미 공부해 보았지만…"
- "만화로 부담감 없이 좀 까다로운 것을…"

등등의 이유로 "흙에 친밀감을 가지고 배우고 싶다"는 독자들을 위해 저술한 책입니다. 만화의 특징을 활용한 입문서, 또는 재입문서로서 "토질역학을 시각적이면서도 개념적으로 이해할 수 있도록 한 것"이 이 책의 주된 역할이라고 생각합니다.

이 책의 모든 내용이
- [만화 부분]에서는 토질역학을 일상생활의 현상으로 해설하였고,
- [문장 부분]에서는 만화 부분을 보다 전문적으로 보충하였고,
- [Follow-up]에서는 예비 지식과 예제·해설을 정리하였으므로,

만화 부분을 읽기만 하여도 지식이 몸에 배도록, 또한 그 외의 부분을 읽기만 하면 이해가 깊어지도록, 일상적인 의문에서 공학적 문제를 고려하도록 7장으로 구성되어 있습니다. 각 장의 내용은 토질역학을 체계적으로 습득하려고 하는 독자를 고려하여, 일반 교과서 순서에 따라 기술하였습니다. 수준 높은 고도의 지식을 습득하고 싶은 사람은 다른 전문서와 병행하여 읽어 볼 것을 권합니다.

◎ 토질역학에 관해서

　흙은 고체·액체·기체로 이루어진 혼합체임과 동시에 자연물이므로 생성과정과 상황에 따라 다양합니다. 따라서 흙을 일관된 이론으로 표현하는 것은 용이한 일이 아니라서, 토질역학은 흙의 현상을 단순화하여 실정에 맞게 모델화하여 (이 책에서는 '토질의 안경'), '문제 해결 지식과 경험을 체계화할 수 있는 학문'이 되도록 집필하였습니다.

　더욱이, 토질역학을 공부하려면 '전체를 내려다보는 조감도의 관점'과, '토립자 하나하나와 마주 대하는 개미의 관점'에서 고려해 보아야 합니다. 이 책에서는 흙의 역할을 이와 같은 관점에서 고려하도록 '일상생활의 현상'과 독자가 '흙이 된 심정'으로 접근하면서, 독자의 체험과 감각으로도 이해할 수 있도록 집필하였습니다.

　사회의 인프라를 지탱하는 토질역학의 기초를 이해한다는 것은, 단순히 학점 위주만이 아니라 '약간 까다로운 점들에 대하여 새나 개미의 관점·사고력을 훈련하는 좋은 소재'라고 생각합니다. 이 책이 근본적인 기초를 다지는 데 조금이라도 도움이 된다면 이보다 더한 기쁨은 없겠습니다.

　이 책의 집필과 출판에는 수많은 자료와 문헌을 참고하였습니다. 이 책을 처음으로 접하는 독자에게도 '친근감 있게, 이해하기 쉽도록' 집필하였습니다만, 흙의 성질과 나의 성격 탓에 주인공 남자의 이야기가 조금 길어집니다. 특히 후반부는 지나치게 욕심을 부린 점을 인정하지 않을 수 없습니다. 그럼에도 불구하고 편집자 및 관계자 모든 분들이 재치를 발휘하여 읽기 쉽고 이해하기 쉽게 마무리하여 주셨습니다. 진심으로 감사의 말씀 드립니다.

2016년 4월　　가노 요스케(加納 陽轉)

차례

프롤로그··6

제 1 장 흙? 지반?

1. 토질역학이란? ···17
2. 흙의 생성 ···20
3. 지반의 성립 ···25
4. 지반조사 ··31
   Follow-up ··36

제 2 장 어떤 흙?

1. 토질역학의 '흙'이란? ··45
2. 흙의 상태 ···49
3. 흙의 성질 ···56
4. 흙의 종류 ···60
   Follow-up ··68

제 3 장 흙 속의 물?

1. 지반 내 응력이란? ···79
2. 지하수의 흐름 ···82
3. 흙의 투수성 ···89
4. 투수량을 구하는 방법 ··94
   Follow-up ··100

제 4 장 지반 내부의 힘?

1. 지반 내 응력이란? ···112
2. 자체의 무게로 인한 지반 내 응력 ··117
3. 재하중으로 인한 지반 내 응력 ···124
4. 침투류로 인한 지반 내 응력 ···132
   Follow-up ··143

제 5 장 흙의 압밀?

1. 흙의 압밀이란? ·· 152
2. 압밀의 진행 ·· 156
3. 압밀의 방정식 ·· 163
4. 압밀침하의 예측 ·· 170
   Follow-up ··· 177

제 6 장 흙의 강도?

1. 흙의 강도란? ··· 190
2. 흙의 파괴규준 ··· 196
3. 흙의 전단시험 ··· 202
4. 흙의 종류와 전단특성 ··· 207
   Follow-up ··· 212

제 7 장 지반의 안정·지지 문제?

1. 옹벽의 토압이란? ··· 222
2. 쿨롱(Coulomb)과 랭킨(Rankine)의 토압론 ···································· 230
3. 사면의 안정이란? ··· 233
4. 사면의 안정 해석 ··· 239
5. 기초 지지력이란? ··· 246
6. 지지력을 구하는 방법 ·· 254
   Follow-up ··· 264

에필로그 ·· 274
찾아보기 ·· 278

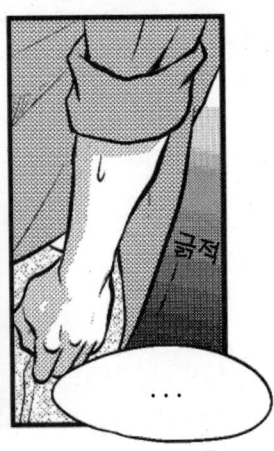

제1장 흙? 지반?

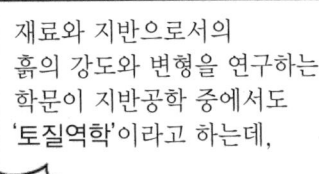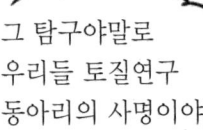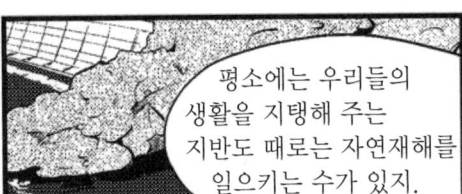

1 ① 토질역학이란?

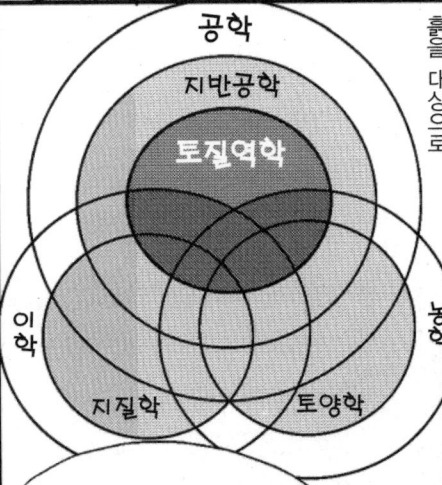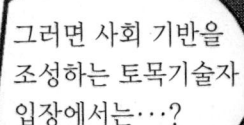

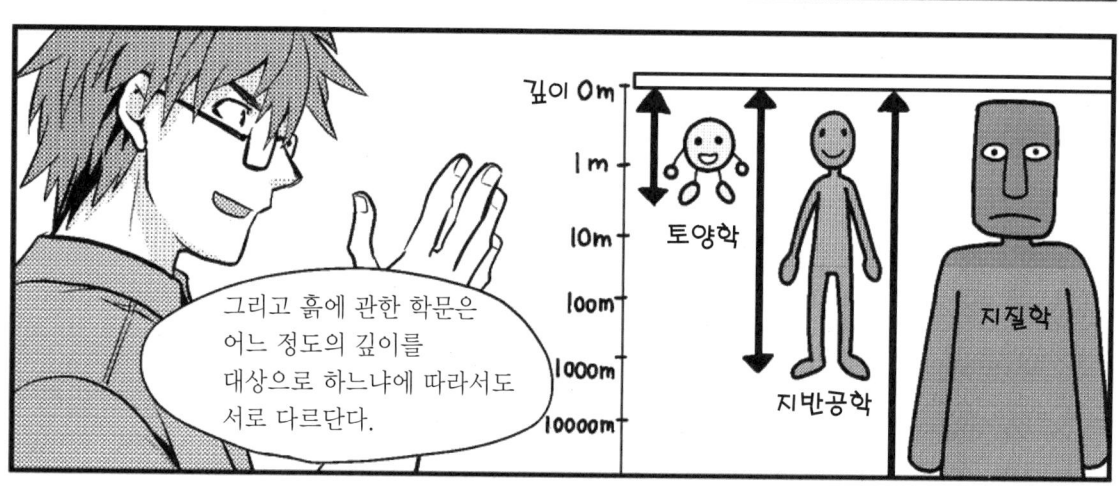

※1 흙과 지반에 관한 공학적인 모든 문제 해결을 목적으로 하는 흙의 역학, 탄성이론, 소성이론, 수리학 등의 모든 학문을 응용하고, 거기에 흙 자체에 대한 견해를 부가한 하나의 학문체계(지반공학회).

1 ② 흙의 생성

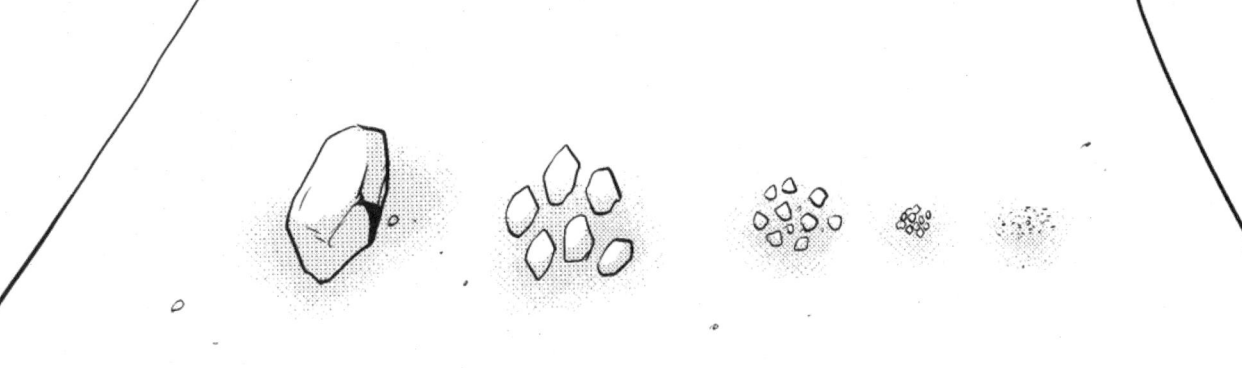

상상해 봐. 지구에 지각(地殼)이 생겼을 무렵, 지상에는 아직 흙도 생명도 없고, 물과 대기, 그리고 화성암이 있을 뿐이었어. 그 후, 지구는 대규모의 활발한 화산활동을 거치고, 지표는 자연의 활동과 더불어 융기와 침강, 풍화와 퇴적을 반복하면서 현재의 지반을 조성한 거야. 어때, 다이내믹하지?

 그렇네요!

 네 네.

지각이 생겼을 무렵의 지구의 모습

 지질학적 현상을 일으키는 자연의 활동을 '영력'이라고 하는데, 화산·단층운동 등으로 인한 '내적 영력(內的營力)'과 물·대기·햇빛·생물 등으로 인한 '외적 영력'으로 분류되어 있어.

 지각은 수 만년이라는 긴 세월에 걸쳐 내적 영력을 받으면서 점차 기복이 있는 지형을 만들고, 지표 부근의 울퉁불퉁한 암석은 외적 영력에 의한 풍화·침식을 반복적으로 받으면서 조금씩 흙으로 변화되는 거란다. 다이내믹하지?

 맞아요!

 ….

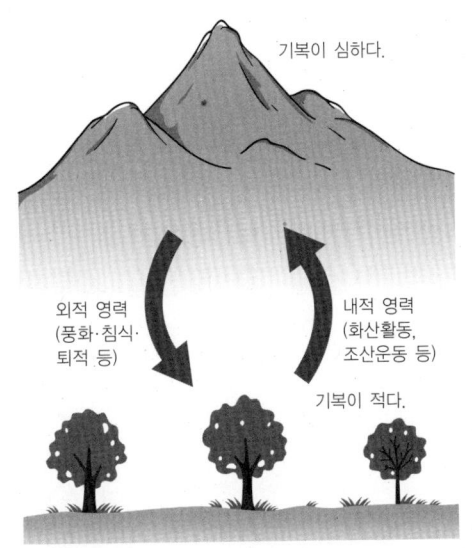

내적 영력과 외적 영력에 의한 지형의 변화

제1장 흙? 지반? 23

흙이 어떻게 생겨나는 건지 이해했지?

 흙은 암석의 '풍화'와 '침식'으로 인해 생기는 거군요.

 그래서 결국, 암석도 흙으로 된 거니까…

 빙글빙글 돌고 도는 거구나!

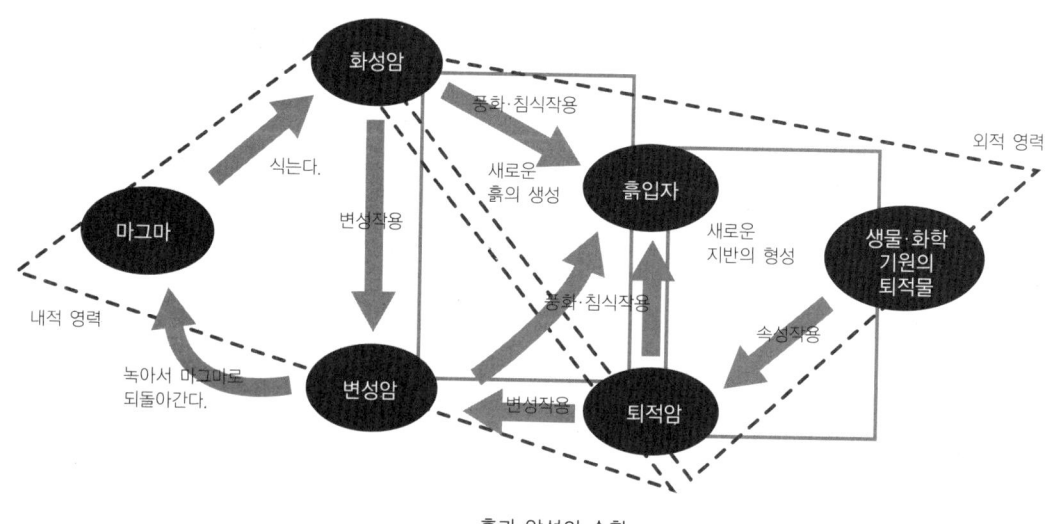

흙과 암석의 순환

 맞아, 바로 그거야! 흙은 풍화·침식의 원인과 정도만이 아니라, 흙의 근원이 되는 암석의 종류와 생겨난 장소에서, 다양한 특징을 가진 흙이 되는 거야. 즉 인간과 마찬가지로 흙도 생성과정에 따라 제각기 다른 성질을 갖게 된단다.

다양한 성질을 가진 흙

1 ③ 지반의 성립

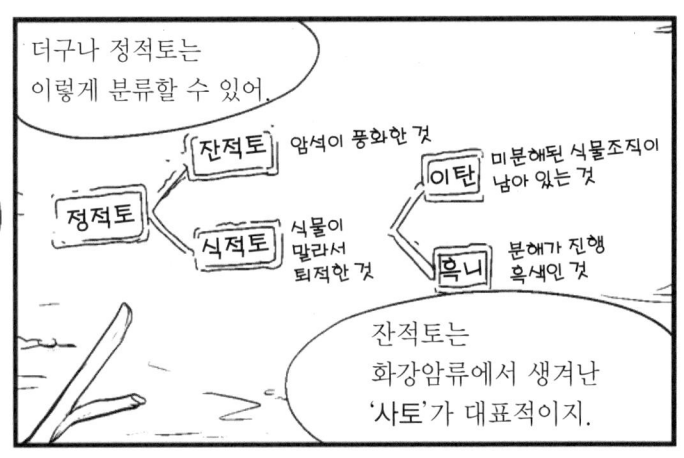

운반작용	운적토의 분류	운적토의 특징
중력	붕적토	중력에 의해 단거리에 옮겨진 흙.
		풍화한 암석에 의한 것을 애추라고 함.
유수	충적토	유수로 인해 운반되어 평야나 하구에 퇴적한 흙.
		퇴적장소에 따라서 해성(海成)충적토와 호성(湖成)충적토라고 함.
바람	풍적토	바람에 의해 옮겨져 퇴적한 흙.
		대표적인 것이 중국대륙의 황토임.
화산	화산성 퇴적토	화산분화의 화산력(火山礫), 화산재가 퇴적한 흙.
		화산회질 조립토와 화산회질 점성토로 크게 분류됨.
빙하	빙적토	빙하로 인해 옮겨져, 육상이나 바다 속에 퇴적한 흙.
		퀵 클레이(quick clay)는 바다 속에서 퇴적한 빙적토임.

그리고 운적토는 운반 작용의 차이로 인해 이처럼 분류되는 거야.

우와, 이렇게…

확실히 한 마디로 운적토라 해도 운반작용에 따라 여러 가지야.
참고로 말하자면 일본의 많은 대도시는 충적토층으로 된 충적평야로 발전했지.

대(代)	기(紀)	세(世期)		연대(백만년)
신생대	제4기	완신세		0.0117
		갱신세	후기	(0.126)
			중기	(0.78)
			전기	2.58
	신제3기	선신세	후기	3.60
			전기	5.33
		중신세(中新世)		23.0
	고제3기	점신세(漸新世)		33.9
		시신세(始新世)		55.8
		효신세(曉新世)		65.5

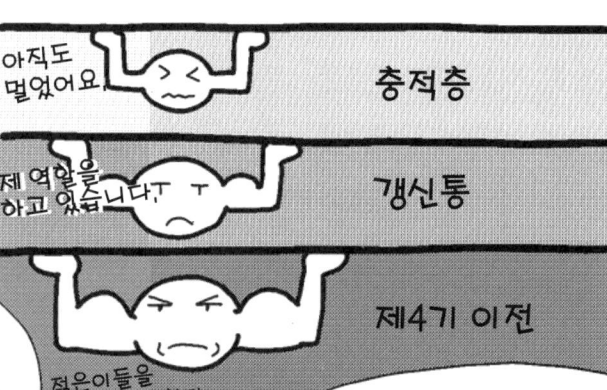

갱신세(更新世) 말기 (1~2만 년 전)부터 새로운 지층을 '충적층'이라 하는데, 이것은 역사가 짧은 연약한 지층이야.

그리고, 제4기의 지층을 '갱신통'이라 하는데, 이건 제 역할을 하는 단단한 지층으로서 구조물을 지탱하고 있지.

지질연대 이미지

더욱이 신제3기 고제3기 무렵에 생겨난 지반은 엄청나게 단단하지만, 땅 속 깊숙한 곳에 존재하므로 직접 관련되는 점은 적은 거야.

즉, 지반은 일반적으로 고대에 생겨난 것일수록 단단하고

지층은 지질연대마다 강도가 전혀 다른 거야.

흙과 암석은 지반으로서 수만 년이나 되는 커리어를 쌓아 제 역할을 하는 거군요.

단, 베테랑이 될 무렵에는 깊숙한 곳에서 숨은 공로자가 되어 무대 전면에 나서고 싶지는 않거든.

흥! 제법인데.

1.4 지반조사

일본의 대부분의 대도시는 충적평야(沖積平野), 즉 연약한 지반 위에 생겨났다고 했지. 그런 토지이기 때문에, 안전한 사회를 구축하는 데는 지반의 성질을 파악하는 것이 중요한데, 어떻게 하면 좋을까?

에-또, 지반에게 직접 물어본다든가….

바로 그거야. 지반조사는 개략 설계를 위한 '예비조사'와 상세설계, 시공계획을 위한 '본조사'로 분류된다. 더욱이 조사는 현지에서 직접 조사하는 '원위치시험'과 시료를 가지고 돌아와서 실내에서 조사하는 '토질시험'으로 분류되는 거란다.

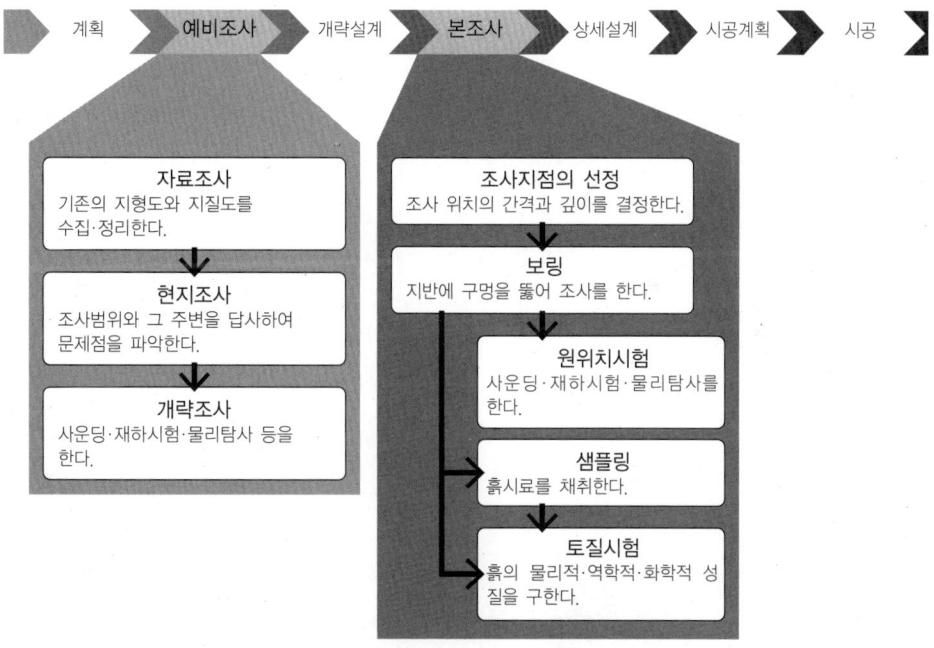

계획부터 시공까지의 지반조사 내용

물론 시간도 돈도 무한정 있는 것은 아니므로, 조사와 시험 범위, 방법 등을 적절하게 선택하는 것이 중요한 거야.

그런데 이와시타 양, '보링'이란 것 알고 있니?

 공을 굴리는 것은… 아닐 테고, 땅에 구멍을 뚫는 작업을 말하는 거겠죠.

 알고 있었나…? 보링에서는 지반에 직경 10cm의 구멍을 뚫어서, 지하의 수위와 지반 내부의 상황을 관찰하는 거지.

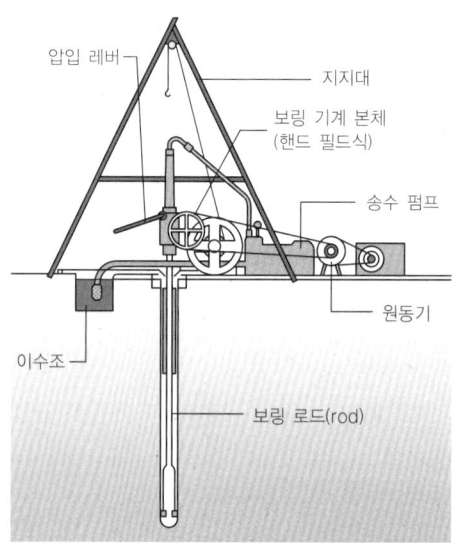

보링 머신의 개략도

 그리고, 보링으로 뚫은 구멍을 통해 원위치시험을 하는데, 원위치시험은 다음과 같이 분류할 수 있지.

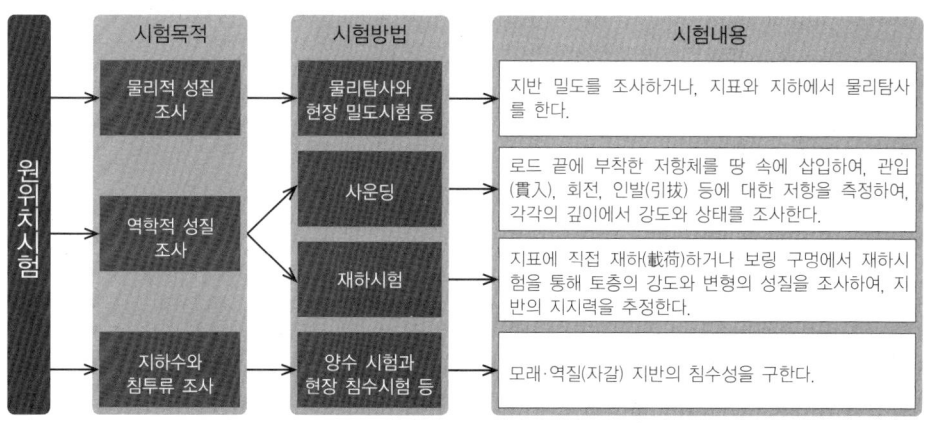

원위치시험의 개요

보링(boring)이란 어느 정도의 깊이까지 파는 건가요?

 글쎄, 필요에 따라 1,000m를 초과하는 깊이도 조사하지.

 1,000m!?

 놀랐지. 그리고 굴삭시에는 보링 구멍에 흙탕물을 주입하여 순환시키는 거야. 이것은 굴삭된 토사와 바위 부스러기를 부력(浮力)으로 배출하기 위함이기도 하고, 흙탕물 압력이 구멍을 지탱하여 붕괴를 막는 효과도 있거든.

 '사운딩(sounding)'이란 뭐예요?

 '사운딩'이란 지반의 상대적 강도 등을 구하는 방법으로서, 예비조사 단계에서 많이 이용되는 거지. 직접 관찰하기가 어려운 지반 내부에 청진기를 갖다 대고 검진하는 그런 거지.[※2]
로드 끝에 부착된 저항체를 땅 속에 삽입하여 관입, 회전, 인발 등에 대한 저항을 통해 각 위치의 흙의 강도와 상태를 조사하는 방법이야 (→ p. 38).

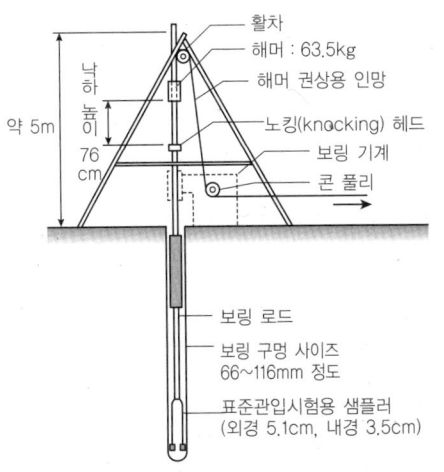

표준관입시험은, 예비조사에서 흔히 사용하는 원위치시험의 하나로, 소정의 깊이까지 뚫은 보링 구멍에 샘플러를 설치하여, 63.5kg의 드라이브 해머를 76cm의 높이에서 자유 낙하시켜 샘플러가 30cm 관입하는 데 필요한 낙하 횟수 N(N값)을 측정합니다. 또 표준관입시험에서는 이와 같은 사운딩과 동시에, 대상 지점의 흙시료를 샘플링할 수 있으며, N값과 합하여 지반의 성질을 파악하기 위해 이용됩니다.

표준관입시험 개략도

※2 대표적인 것으로 표준관입시험, 간이동적(簡易動的)콘 관입시험, 포터블 콘 관입시험, 스웨덴식 사운딩 시험 등이 있다.

'토질시험'이란 어떤 것을 말하는 건가요?

 먼저, 대상으로 삼는 깊이까지 보링한 후, '샘플링'을 하지. 샘플링이란, 현지에서 필요한 흙시료를 채취하는 것을 말해. 그리고, 샘플링한 흙시료를 실내에서 토질시험을 해. 토질시험은 시험 목적과 대상으로 삼는 흙의 성질에 따라 다음과 같이 분류되지.

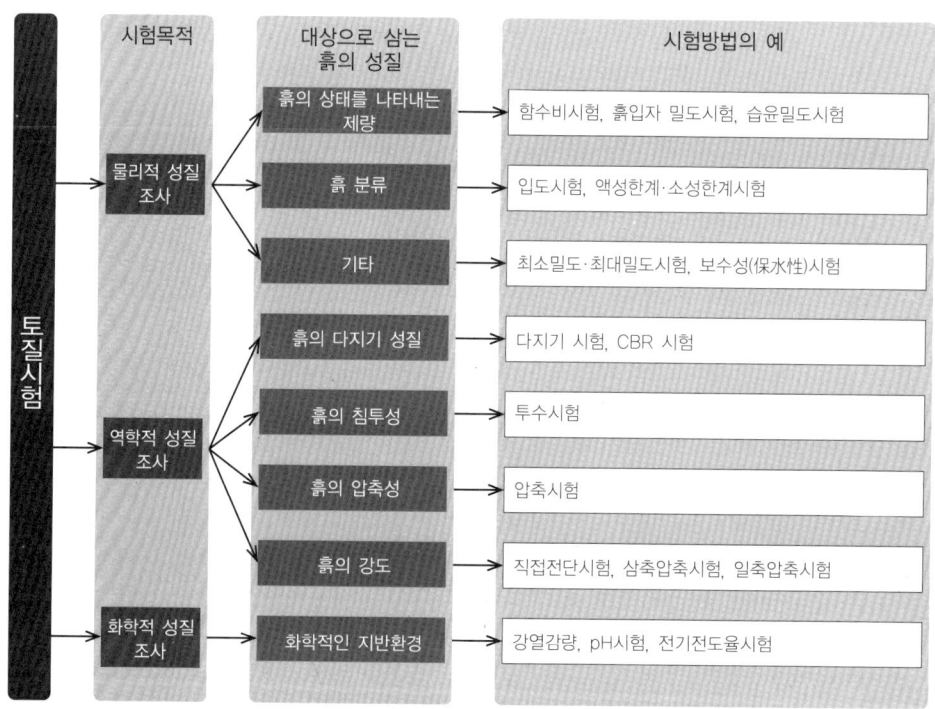

토질시험의 개요

 우와-, 엄청 많군요.

 흙도, 그 성질도 각양각색, 그것을 아는 방법도 각양각색. 토질연구 동아리 회원이라면 이런 것들 전부 체험할 수 있어!

Follow-up

■ **사회 인프라**

  사회 인프라(infrastructure의 약칭)의 범위는 광범위하여, 도로, 항만, 공항, 상하수도, 전기·가스, 의료, 소방·경찰, 행정 서비스 등 다방면에 걸친 것이지만 이 책에서는 생산기반이 되는 교통 인프라(도로, 항만, 공항)와 생활기반인 라이프 라인 시설(상하수도, 전기·가스) 등의 토목구조물을 가리킵니다.

■ **토질과 지질의 차이**

(1) 토질과 지질의 개략적인 차이점

  '토질'은 토질역학 등의 공학분야에서 비교적 연약한 지반을 대상으로, 주로 흙의 성질을 가리킵니다. 한편, '지질'은 지질학 등의 이학분야에서 비교적 단단하고 오래된 암반 또는 산악지대의 지반을 대상으로, 암석과 지층의 성질을 가리킵니다.

(2) 토질과 지질의 기술사(技術士) 부문·과목에서의 차이점

  기술사 자격의 기술부문 및 전문과목에서는, 토질을 '건설부문-토질 및 기초', 지질을 '응용이학부문-지질'로 구별하는데, 양자의 차이점을 정리하면 다음과 같습니다.

기술사 부문·과목 비교

	토질	지질
기술부문	건설부문	응용이학 부문
전문과목	토질 및 기초	지질
학과·전공	공과대학 토목공학과 등.	이과대학 지학과 등.
관련학문	토질역학, 지반공학, 구조역학, 수리학 등.	지질학, 지질구조학, 지질광물학퇴적학 등.
대상 지반	연약지반, 인공지반 등.	단단한 지반, 암반 등.
대상구조물	도로, 철도, 하천제방, 토지조성, 건축기초 등.	산악도로, 댐, 산악 터널, 원자력 등.
주요한 요소 기술	원위치시험, 토질시험, 현장계측 (침하, 변위 등) 환경조사 (토양오염 등) 지반응력변형해석	지형·지질답사, 암석시험 사면방재 조사 (낙석 등.) 지반활동 조사, 암반응력해석

(중국 지질조사업협회 홈페이지에서 일부 인용)

■ **보링 조사와 샘플링**

(1) 보링 조사

  '보링 조사'는 굴삭기 등을 이용하여 소정의 조사 지점 및 조사 위치에 원통형의 구멍(일반적인 구멍 : 66, 86, 116mm)을 뚫어 시료를 샘플링하거나 원위치시험을 하여 지반의 공학적 성질을 조사하기 위해 실시합니다.

(2) 샘플링

  '샘플링'이란 조사위치에서 토질시험 등에 제공하는 시료를 채취하는 것으로, 흙의 종류, 지반의 상태 및 시험 목적 등에 적합한 샘플링 수법 및 샘플러를 선정하여 실시합니다. 다음에 교란되지 않은 시료(흙의 구조와 역학 특성이 원위치에 가까운 상태의 시료)를 채취하는 샘플러의 종류와

적용 지반을 예시합니다.

샘플링 수법의 종류와 적용 지반

샘플러의 종류		구조	시료채취경(mm)	적용 지반의 종류								암반		
				점성토			사질토			역혼토				
				연질	중간정도	경질	무르다	중간정도	촘촘한	무르다	촘촘한	연암	중경암	경암
				N값의 목표										
				0~4	4~8	8 이상	10 이하	10~30	30 이상	30 이하	30 이상			
일반적으로 자주 이용되다	고정 피스톤식 신 월 샘플러 (thin wall sampler)	extention rod식	단관	75	◎	○	-	○	-	-	-	-	-	-	-
		수압식	단관	75	◎	◎	-	◎	○	-	-	-	-	-	-
	블록 샘플링		-	임의	◎	◎	◎	○	○	◎	-	-	-	-	-
	로터리식 이중관 샘플러 (Denison)		이중관	75	-	◎	○	-	-	-	-	-	-	-	-
	로터리식 삼중관 샘플러 (트리플)		삼중관	83	-	-	◎	-	○	◎	-	◎	○	-	-
추구하는 고품질을 경우	동결(凍結) 샘플링 (코어 보링식)		-	50~300	-	-	-	◎	◎	◎	◎	◎	◎	-	-
	GP(gel push) 샘플링		단관	100~300	-	○	-	◎	◎	◎	◎	◎	◎	-	-

◎ : 최적   ○ : 적합

(지반공학회 : 지반조사 방법과 해설을 인용하여 작성)

1. 블록 샘플링 (JGS 1231[※3])

지표면에 가깝고, 지하 수위면보다 얕은 장소에 있는 사질토를 스콥이나 흙손을 사용하여 손으로 파서, 덩어리 그대로 지반에서 직접 잘라내는 방법으로, 절출식(切出式)과 압절식(押切式) 두 가지 방법이 있습니다.

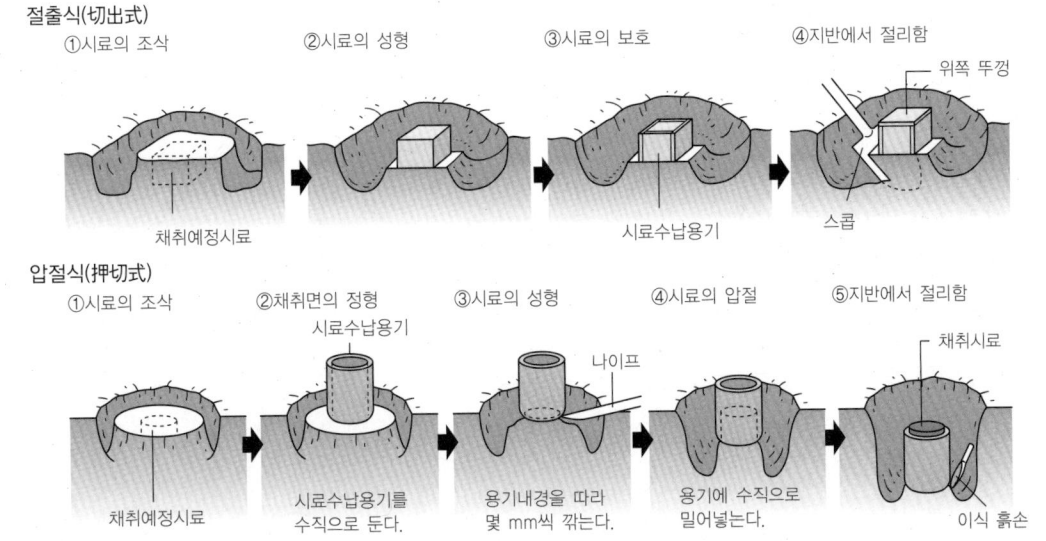

※3 지반공학회 (JGS)가 정한 규격의 기준 번호.

2. 신 월 샘플러(thin wall sampler : 고정 피스톤식 샘플러) (JGS 1221)
　주로 연약한 점성토 채취에 사용하며, 샘플링 튜브를 가만히 지반으로 밀어 넣어 시료를 채취합니다.

3. 로터리식 이중관 샘플러(Denison 샘플러) (JGS 1222)
　경도가 중간 정도이므로 단단한 점성토 채취에 사용하며, 끝에 비트가 붙은 외관으로 지반을 회전 절삭하여, 회전하지 않는 내관을 지반으로 밀어 넣어 시료를 채취합니다.

4. 로터리식 삼중관 샘플러(트리플 샘플러) (JGS 1223)
　주로 사질토 채취에 이용하며, 끝에 비트가 붙은 외관으로 지반을 회전 절삭하여, 회전하지 않는 내관을 지반으로 밀어 넣어 내측의 튜브에서 시료를 채취합니다.

5. 동결(凍結) 샘플링
　통상적인 방법으로는 채취가 곤란한, 세립분이 적은 사질토와 역혼토(자갈이 섞인 흙)에 이용하며, 액체질소 등을 이용하여 지반을 동결시키고 코어링으로 시료를 채취합니다.

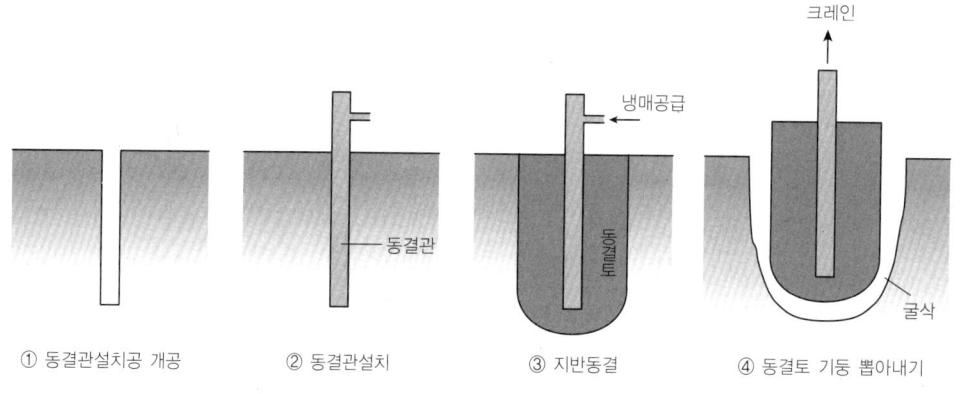

① 동결관설치공 개공　② 동결관설치　③ 지반동결　④ 동결토 기둥 뽑아내기

6. GP 샘플링
　단관(單管) 샘플러에 고농도 윤활제를 충전하여, 회전 절삭하여 시료를 채취합니다. 순환수(循環水)를 사용하지 않기 때문에 시료의 표면을 씻어내지 않고, 동결 샘플링과 동일한 정도의 고품질 시료를 채취할 수 있습니다.

■ 사운딩

　'사운딩(sounding)'이란 로드 끝 저항체를 굳히지 않은 지반 속에 삽입하여, 이것을 관입, 회전, 인발했을 때의 저항을 통해 지반의 강도 특성과 지반 상수를 조사하는 것입니다. 다음에 대표적인 방법을 예시합니다.

(1) 스웨덴식 사운딩 시험

'스웨덴식 사운딩 시험'은 하중으로 인한 관입과 회전관입을 병용한 원위치시험으로, 흙의 강도와 꽉 조이는 상태의 판정, 연약지반의 층두께 확인 등을 목적으로 실시합니다. 이 방법은, 장치 및 조작이 간편하고 관입 능력도 뛰어나기 때문에 깊이 10m 정도의 얕은 개략조사에 많이 이용되고 있습니다.

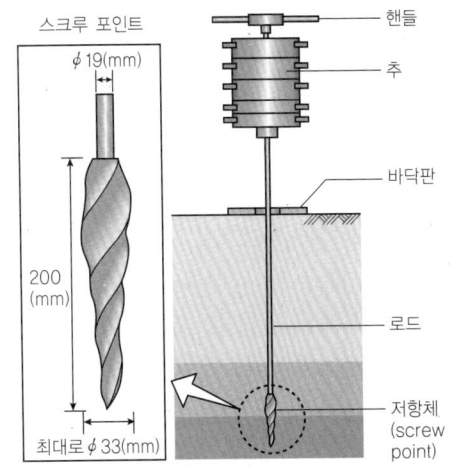

스웨덴식 사운딩 시험

(2) 간이동적 콘 관입시험

'간이동적 콘 관입시험'은 해머(5kg)를 자유낙하(50cm)시켜 원위치의 관입 저항을 간이적으로 구하기 위해 실시됩니다. 이 시험기는 소형 경량으로 급경사지나 협소한 장소에서도 사용이 가능하기 때문에, 급경사면에서의 풍화 정도의 판정 등에 이용합니다. 또 이 시험에서 얻을 수 있는 N_d값은, N값 및 기타 사운딩 시험값과의 상관이 요구되고 있습니다.

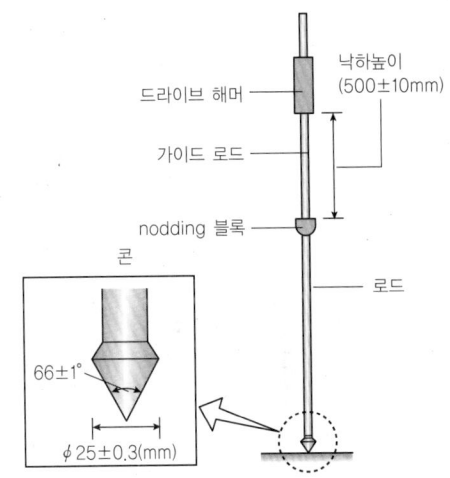

간이동적 콘 관입시험

(3) 포터블 콘 관입시험

'포터블 콘 관입시험'은 로드 끝의 콘을 조용히 관입하여, 깊이 방향의 저항을 연속적으로 구할 수 있습니다. 이 시험기는 휴대가 용이하기 때문에 경사지와 산악지대 등에서 많이 이용하지만, 인력으로 관입할 수 있는 연약한 점토성에만 적용할 수 있습니다. 또, 이 시험을 통해 얻을 수 있는 콘 관입저항값 q_c에서 점토의 일축압축 강도를 구할 수 있습니다.

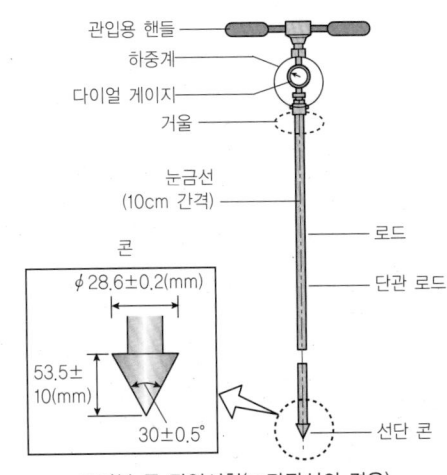

포터블 콘 관입시험(※단관식의 경우)

(4) 네덜란드식 이중관 콘 관입시험

'네덜란드식 이중관 콘 관입시험'은, 로드를 이중관으로 하면 마찰을 제거하고, 압입장치로 관입되기 때문에 단단한 지반(N값 30정도까지)에도 적용할 수 있습니다. 그러나, 장치가 비교적 대규모로 반작용 힘을 요하므로 주로 정밀조사에 이용됩니다. 또 이 시험에서 얻을 수 있는 콘 관입 저항값 q_c는 점착력 c과 N값의 관계식을 구할 수 있어, 지극히 연약한 점성토를 제외하고 정확한 강도를 추정할 수 있습니다.

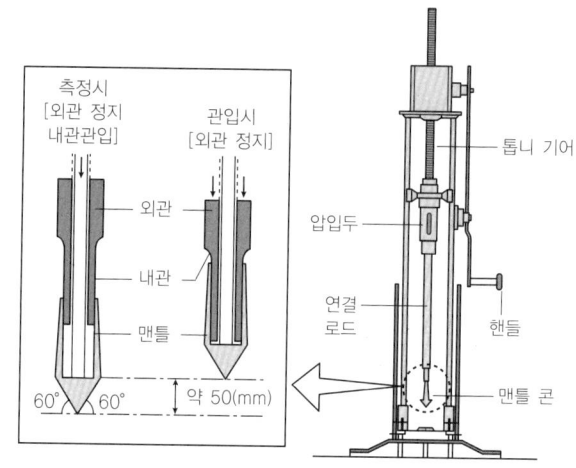

네덜란드식 이중관 콘 관입시험

■ 그리스어 문자와 읽기

α : 알파	β : 베타	γ : 감마	$\delta(\Delta)$: 델타
ε : 엡실론	ζ : 제타	η : 에타	θ : 시타(세타)
ι : 요타	κ : 카파	λ : 람다	μ : 뮤
ν : 뉴	ξ : 크시(크사이)	o : 오미크론	π : 파이
ρ : 로	$\sigma(\Sigma)$: 시그마	τ : 타우	υ : 입실론
ϕ : 피	χ : 카이	ψ : 프시(프사이)	$\omega(\Omega)$: 오메가

( ) 내는 대문자

제2장 어떤 흙?

2❶ 토질역학의 '흙'이란?

그럼, 토질의 눈을 확보하는 훈련을 하자꾸나.

난, 필요 없다고요.

이를테면 말랑말랑한 흙과 단단한 흙에서 삼상의 구성비에는 어떤 차이가 있을 것 같니?

말랑말랑한 흙은 공기가 많을 것 같고…

단단함

말랑말랑함

단단한 흙은 건조한 느낌?

응, 멋진 대답이야. 그럼 바슬바슬한 흙과 끈적끈적한 흙에서는 어떨까?

바슬바슬함

끈적끈적함

으―음 바슬바슬한 것보다 끈적끈적한 것은 수분이 많을 것 같아요.

맞아, 맞아! 유빈이는 벌써 토질의 눈을 확보했네.

네에?

그런데 말랑말랑함, 단단함, 바슬바슬함, 끈적끈적함의 정도는 사람에 따라 느낌에 차이가 있으므로, 재료와 지반으로서 흙을 다루려면 틈새(간극)의 양과 수분 함량을 정량적으로 파악할 필요가 있는 거야.

 이를테면 철근이나 콘크리트와 같은 인공 재료는 용도에 맞게 품질을 선택하여 구입할 수 있지만…자연물인 흙은 그렇지 못하거든. 먼저 흙입자에 관해서는 '밀도'부터 고려해 보자.

 '밀도'란 중학교 때 배운 '물체가 단위 체적 당 어느 정도의 질량을 갖고 있느냐?'인데요.

 질량을 체적으로 나눗셈하여, 물체가 어느 정도 꽉 차 있는가를 파악하는 거군요.

 바로 그거야. 흙입자의 질량을 m_s[g], 체적을 V_s[cm³]로 하면, 흙입자 밀도 ρ_s를 이렇게 나타낼 수 있어. 어때?[※2]

$$\text{흙입자 밀도}: \rho_s = \frac{m_s}{V_s} [\text{g/cm}^3]$$

 이 정도라면, 까짓것.

 이 값은 흙의 흙입자(개체) 부분을 대상으로 한 단위 체적 당 평균 질량을 나타내는 것으로, 흙입자의 밀도시험을 통해 직접 측정하는 값이야. 참고로 말하자면, 흙입자의 밀도 ρ_s는 암석이 풍화한 흙으로 2.60~2.70g/cm³, 이탄(泥炭)처럼 유기물이 많이 함유된 흙이라면 1.2~2.0g 정도가 되지(→ p.68).

 그리고 흙입자 직경에 해당하는 크기를 '입경(粒徑)'이라고 하는데, 두 사람은 '모래'의 입경을 어느 정도라고 생각하고 있니?

 1mm 정도 되나?

 에- 좀 더 작지 않아? 0.1mm 정도?

※2 여기서 체적(volume)을 V, 질량(mass)을 m으로 나타내고, 첨자(添字)는 고체(solid)의 s, 공기(air)의 a, 물(water)의 w, 간극(void)의 v를 의미한다.

두 사람 다 정답이야. 흙입자는 다음 표처럼 입경이 큰 것부터 '돌, 자갈, 모래, 실트(silt stone), 점토'로 구별되는 거란다.

흙입자 입경(粒徑)의 구분과 명칭

입경[mm]		0.005	0.075	0.25	0.85	2	4.75	19	75	300
명칭	점토		실트	가는모래	중간모래	굵은모래	작은자갈	중간자갈	굵은자갈	조석	거석
				모래			자갈			돌	
구성분	세립분			조립분						석분	

단, 흙이 단일 입경으로 구성되는 것은 거의 없고, 포함되는 흙입자 중 75mm 이상을 '석분', 0.075~75mm를 '조립분', 0.075mm 이하를 '세립분'으로 크게 구분하지.
또 흙입자 형태에도 특징이 있는데, 실트보다 큰 입자는 모가 나 있거나 약간 둥근 형태의 입상이 대부분이지만, 점토의 입자에는 박편상이나 판상, 플레이크(flake) 모양의 것이 많이 있지.

하지만 석분은 커서…, 흙이라고 부르기에는 위화감이 있는데요.

맞아. 당연한 말씀이지. 실제로 '토질재료'로 취급되는 것은, 75mm 미만의 조립분과 세립분으로 구성되는 흙으로, 75mm 이상의 석분이 포함된 재료는 '석분혼 토질재료'와 '암석질 재료'로 하여 구별되는 거란다.

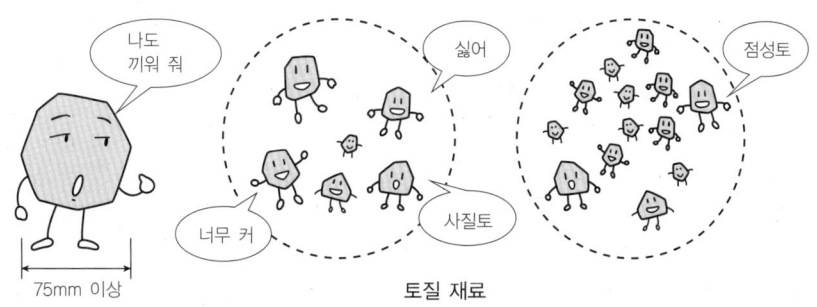

더구나 토질재료 중 조립분이 많은 흙을 '조립토'라고 하는데, 이 중에서 '자갈'이 많은 흙은 '역질토'라고 하며, 모래가 많은 흙은 '사질토'라고 하는 거야. 한편 세립분이 많은 흙을 '세립토'라 하며, 점토를 주체로 하는 흙은 수분 함유량에 따라 찰기가 있기 때문에, '점성토'라 하는 거지.

흙에도 다양한 종류와 명칭이 있는 거군요.

흙에는 크고 작은 다양한 흙입자가 섞여 있어서, 어떤 입경의 흙입자가 얼마큼 포함되어 있느냐, 즉 입경의 분포상태를 '입도'라고 하는데 입도시험을 통해 파악하는 거지 (→ p.70).

 흙입자의 입경을 개인의 키로 비유하자면, 흙의 입도는 학급에서의 키의 분포?

 그렇지. 흙입자의 입경, 더구나 흙의 입도 파악은, 그 흙이 어떤 흙인가를 고려하는 데 굉장히 중요한 거야.

 그리고, 흙입자는 퇴적하는 과정에서 '흙의 구조'라 하는 흙입자 골격을 형성하는데, 이 기본 구조는 다음의 네 가지로 크게 나눌 수 있다.

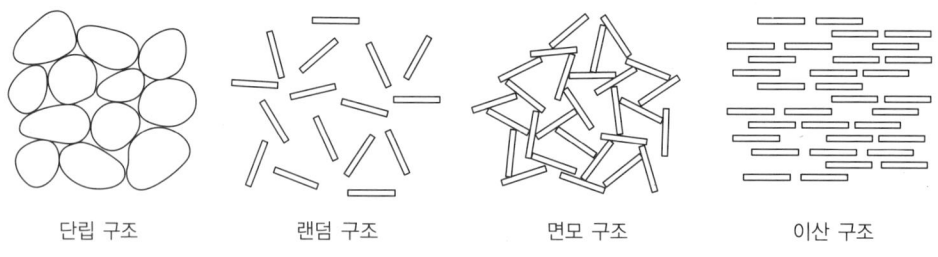

단립 구조   랜덤 구조   면모 구조   이산 구조

 헤에- 흙입자끼리는, 어떻게 달라붙어 있는 거죠?

 좋은 질문이다. 조립토는 중력, 점성토는 전기 화학적 성질에 의해 달라붙어 있는 거야. 하지만 흙입자끼리는 퍼즐처럼 밀착된 것은 아니므로, 흙입자 골격에는 반드시 '간극'이라는 틈새가 생기기 마련이야.

 그래서 그 간극을 물과 공기가 차지하므로, 틈새의 양과 물, 공기 함유량이 바슬바슬함, 끈적끈적함, 말랑말랑함, 단단해지는 흙의 상태를 좌우하는 거군요!

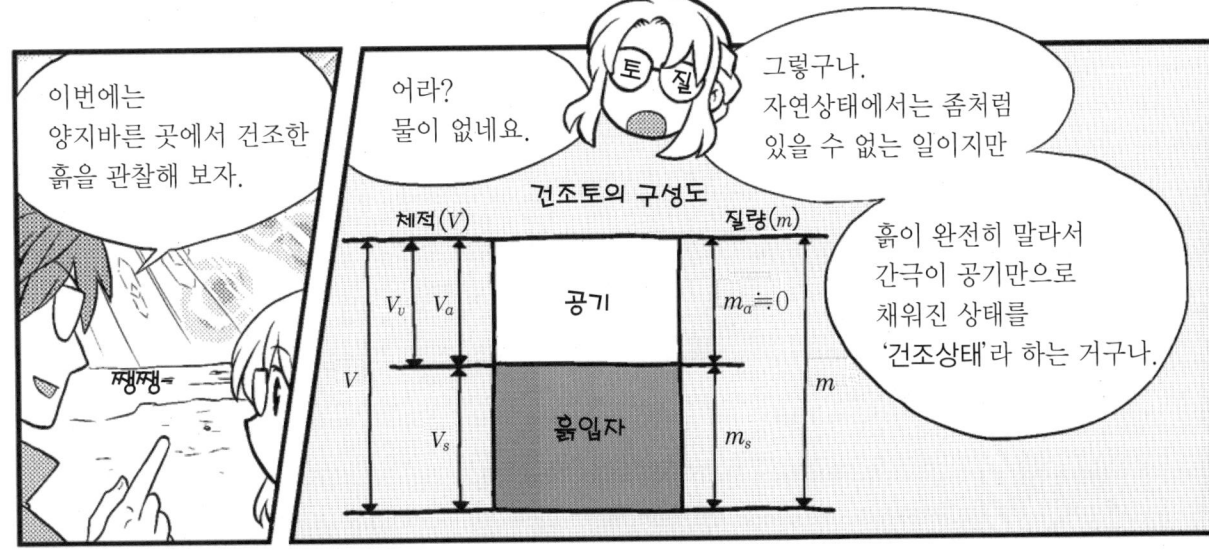

그건 그렇고, 흙의 상태를 나타내는 삼상의 구성비로 나타내는 면에서, 모든 양의 정의에는 기본이 되는 룰이 있는 거야. '비'는 흙입자(고체)에 대한 비, '율'은 흙 전체에 대한 백분율 [%]을 나타낸다는 것을 기억해야 돼.

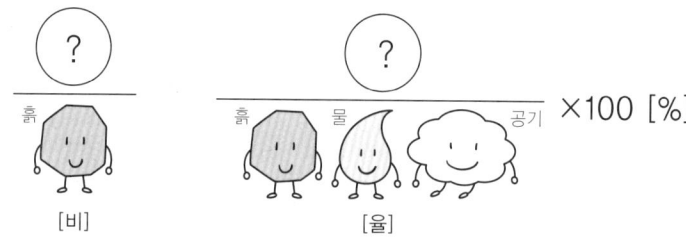

 그럼 흙에 차지하는 간극의 양부터 고려해 보자. 간극은 체적과 질량, 어느 쪽이라고 생각하니?

 간극은 흙입자 골격의 틈새이므로…, 간극의 양은 무게가 아니고 크기 같은데.

 간극은 물과 공기가 차지하고 있어서…, 공기도 고려한다면 체적이 아닌가요?

 으음, 좋아. 간극의 양을 나타내는 것에는 '간극비 e'와 '간극률 n'이 있는데, 어느 쪽이나 체적으로 표현하지. 그럼 조금 전에 말한 룰을 기억하고, 먼저 간극비 e부터 삼상의 구성비로 표현해 보자.

 에-또, 간극은 체적으로 생각하고, 비는 입자에 대한 비이므로, 간극비 e는 흙입자의 체적 V_s에 대한 간극의 체적 V_v의 비이고….

$$간극비 : e = \frac{V_v}{V_s}$$

이렇게 하면 어때요?

 맞아 맞아, 바로 그거야. 간극비 e는 압축성의 기준이 되지만, 사질토와 역질토(자갈흙)의 경우, 잘 굳어진 상태에서 0.1~0.2, 대단히 무른 상태에서 0.7~1 정도가 되며, 점성토에서는 1~4, 이탄은 5~20이라는 큰 값을 나타내지.

 그럼 간극률 n은…, 마찬가지로 체적에 관해, 흙 전체에 대한 간극의 백분율이므로

$$간극률 : n = \frac{V_v}{V} \times 100 \ [\%]$$

그래, 맞아! 유빈이도 혜선이도 완전히 '여성 흙 전문가'가 다 되었네!

 뭘요, 그렇게까지는….

 토질역학에서는 간극비 e가 자주 사용되는데, 간극비 e가 클수록 역학적으로는 약한 지반이라고 생각할 수 있지.

 '여성 흙 전문가'들이여, 다음은 물의 함유량을 고려해 보자. 간극의 양은 체적으로 고려했는데, 물의 경우도 체적일까? 그렇지 않으면 질량일까?

 물은 크기가 아니라, 무게와 같은….

 식염수 농도는 질량으로 고려하므로…, 수분 함유량은 질량으로 고려합니다.

 두 사람 다 두뇌가 명석해서 수월하다. 아니, 가르치고 있는 내가 실력이 좋은 것 아닌가…!?

 ….

 수분 함유량에 관해서는 '함수비 w'와 '함수율 w_m'이 있는데, 어느 쪽이나 질량의 비율로 표현하는 거야. 그럼 함수비 w와 함수율 w_m을 구해 보자.

 물은 질량으로 생각하고, 비는 흙입자에 대한 비이므로…, $\dfrac{m_w}{m_s}$ 인가요?

 정답이라고 말하고 싶지만…, 그대로라면 소수점 이하만 되는 수도 있어서, 함수비 w는 백분율 [%]로 나타내는 것이 관례가 되어 있지.

$$\text{함수비} : w = \frac{m_w}{m_s} \times 100 \ [\%]$$

흙이 자연상태로 유지하는 함수비 w를 '자연 함수비 w_n'이라고 하는데, 일반적으로 사질토에서는 20% 이하, 점성토에서는 40~60% 정도, 이탄에서는 300~1000%를 초과하는 경우도 있거든. 함수비 w는 함수비 시험을 통해 직접 측정되는 값으로, 흙의 종류에 따라 크게 차이가 나는 거지 (→ p.73).

제2장 어떤 흙?

그럼, 함수율 w_m은?

 에-또, 함수율 w_m은 흙 전체의 질량에 대한 백분율이므로…, 이렇게 되겠네요!

$$함수율 : w_m = \frac{m_w}{m} \times 100 [\%]$$

 정답이야! 역시, 가르치는 사람이 잘 가르치니까…!

 ….

 수분 함유량, 즉 끈적끈적함의 정도는, 흙의 상태와 성질을 크게 좌우하므로, 흙을 재료로 취급하기 위한 기본적이면서도 중요한 지표가 되는 거야.
게다가, 간극의 양과 물의 함유량과 관련된 지표로서, 간극이 어느 정도 물로 채워져 있는가를 '포화도 S_r'로 나타낸다.

 에-또, 공기를 포함한 간극은 체적 V_v로 생각하고, 이것을 물의 체적 V_w가 차지하는 백분율이므로….

$$포화도 : S_r = \frac{V_w}{V_v} \times 100 \ [\%]$$

 바로 그거야. 그럼 간극이 물로 가득 찬 '포화토'와 수분이 없는 '건조토'에서는 포화도 S_r'이 각각 몇 %나 될까?

 '포화토'는 간극이 모두 물로 가득 채워져 있으므로…, 포화도 $S_r = 100 \ [\%]$!

 '건조토'는 반대로 물이 제로 상태이므로…, 포화도 $S_r = 0\%$이죠.

 맞아 맞아, 너희들은 좋은 지도자를 만나 행운인 줄 알아라. 이런 사실로 습윤 상태의 흙은 포화도 S_r이 0%보다 크고, 100%보다 작다는 것을 알 수 있지.

마지막으로, 공기 함유율을 나타내는 '공기 간극률 ν_a'는 어떻게?

이것은 흙의 말랑말랑한 상태의 기준이 되지.

공기는 체적이고, 율은 흙 전체에 대한 백분율 …이라는 것은

공기 간극률 : $\nu_a = \dfrac{V_a}{V} \times 100[\%]$

이렇게 되는 거죠.

헤헤헤 이런 것쯤이야.

이처럼 흙의 상태를 나타내는 제량은 각각의 정의를 고려하여 삼상의 질량과 체적으로 식을 이끌어낼 수 있는 거란다.

하지만 여러 가지 식이 나와서 잘 모르겠어요.

그러니까 식을 외우기보다는 이해하는 것이 중요한 거야.

그건 그렇고, 우리 점심도 먹었고 하니 슬슬 내려가 보지 않을래요?

벌써 시간이 그렇게 되었나?

흙에 관한 것을 이야기하다 보면 시간 가는 줄도 모르거든.

우리…?

혜선아, 서둘러! 너 그냥 두고 간다.

2③ 흙의 성질

※3 첨자는 삼상으로 된 전체(total)의 t를 의미하며, 흙의 밀도는 통상적으로 '습윤밀도 ρ_t'를 가리킨다.

'밀도'란 질량을 체적으로 나누면 되는 거군요. 결론은…

$$습윤밀도 : \rho_t = \frac{m}{V} \left(= \frac{m_s + m_w}{V}\right) \text{\tiny ※4} \ [\text{g/cm}^3]$$

이렇게 하면 어때요?

바로 그거야. 습윤밀도 ρ_t는 일반적인 흙에서는 1.4~2.0g/cm³ 정도지만, 이탄과 같은 유기물이나 수분이 많은 흙에서는 0.95~1.2g/cm³ 정도가 되어, 수분밀도 ρ_w (≒ 1.0g/cm³)에 가까운 값을 나타내지.
그리고, '흙의 상태'를 나타내는 제량 중 토질시험으로 직접 측정할 수 있는 것은, 이 '습윤밀도 ρ_t'와 '함수비 w', '흙입자밀도 ρ_s' 뿐이지. 그러므로 기타의 제량을 이러한 점들과의 관계식으로 산출하게 되는 거지 (→ p.73).

따분해, 계산만 하는 지옥 같은 예감이 드네…

이어서, 건조상태의 흙, 즉 간극에 수분이 없고, 흙입자와 공기의 두 상으로 구성되는 흙의 밀도는 '건조밀도 ρ_d'라 하는데, 이런 식이 성립되는 거야.

$$건조밀도 : \rho_d = \frac{m_s}{V} \text{\tiny ※5} \ [\text{g/cm}^3]$$

건조밀도 ρ_d의 d는 dry(건조)를 의미하는데, 이것은 건조한 흙의 밀도라기보다 '흙의 다져진 상태'를 나타내는 거란다.

조금 전에 건조밀도 ρ_d는 토질시험으로 직접 구할 수 없다고 했는데요. 결론은 계산으로….

직접 측정되는 습윤밀도 ρ_t와 함수비 w의 관계식을 고려해 보자.

$$습윤밀도 :$$
$$\rho_t = \frac{m}{V} = \frac{(m_s + m_w)}{V} = \frac{m_s\left(1 + \frac{m_w}{m_s}\right)}{V} = \rho_d \cdot \left(1 + \frac{w}{100}\right) \ [\text{g/cm}^3]$$

$$건조밀도 : \rho_d = \frac{\rho_t}{\left(1 + \frac{w}{100}\right)} \ [\text{g/cm}^3]$$

※4 여기서 공기의 질량 m_a≒0에서 습윤상태의 흙의 질량 m은 흙입자의 질량 m_s와 물의 질량 m_w의 합계로 이루어진다.
※5 여기서 공기의 질량 m_a≒0이고, 건조상태의 흙은 물의 질량 m_w=0이므로, 건조상태의 흙의 질량 m은 토립자의 질량 m_s만으로 이루어진다.

참고로 말하자면, '흙의 다져진 상태'는 일반적으로 건조밀도 ρ_d로 관리되는데, '입도'나 '함수비'에 따라서는 공기 간극율 v_a 또는 포화도 S_r로 관리되는 경우도 있지. 조금 전에 '스나하라 양'은 모래장난할 때 수분의 양을 조절했다고 했는데, 물의 많고 적음에 따라 흙은 어떻게 되었지?

물이 많으면 질퍽질퍽하고, 적으면 부슬부슬하여, 양쪽 모두 다져지지 않았습니다.

다지기에 딱 좋은 수분 함유 상태는 각각의 흙에 따라서 다른 것 같은….

바로 그거야! 두 사람이 경험을 통해 배운 것처럼, 흙다지기에는 최적 함수비가 존재하고, 그 값은 흙에 따라 다른 거야. '다짐시험'에서 다지기한 흙의 건조밀도 ρ_d와 함수비 w의 관계를 그림으로 나타내면, 위쪽에 凸 모양의 '다짐곡선'을 그릴 수 있지 (→ p.73).

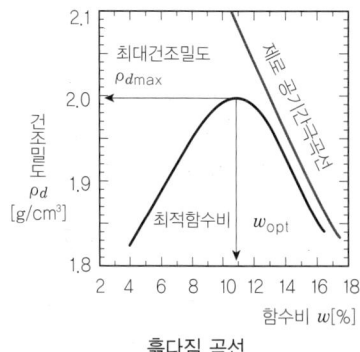
흙다짐 곡선

이 정점이 건조밀도 ρ_d의 최대값이고, 흙이 가장 잘 다져졌을 때의 밀도구나.

건조밀도 ρ_d가 최대일 때의 함수비 w를 그래프로 해독하여, 그 흙의 다지기에 최적인 함수비 w를 알 수 있을까?

맞아 바로 그거야! 건조밀도 ρ_d의 최대값을 '최대건조밀도 $\rho_{d\max}$', 이것을 얻을 수 있는 함수비 w를 '최적함수비 w_{opt}'라 하는데 시공관리 기준에도 이용되는 거란다. 공사현장의 다지기에서도, 모래장난할 때 아이디어를 낸 것처럼 흙의 종류에 따라 인력과 기계로 적절한 다지기 에너지를 주는 것이 중요한 거야(→p.73). 또 설계와 시공에서는 흙의 중량을 고려하므로, 질량 m이 아니라 중량 W를 이용한 단위체적 당의 무게를 '단위체적중량 γ'이라고 하는데, 이처럼 구별하여 사용하는 거야.

$$습윤단위체적중량 : \gamma_t = \frac{W}{V} = \frac{mg}{V} = \rho_t g [N/m^3, kN/m^3]$$

$$건조단위체적중량 : \gamma_d = \frac{W_s}{V} = \frac{m_s g}{V} = \rho_d g [N/m^3, kN/m^3]$$

더욱이, 지하수면 (→제3장)보다 아래의 수중 단위체적중량 $\gamma'(\gamma_{sub})$는 포화단위 체적중량 γ_{sat}에서 부력(물의 단위체적중량 γ_w)을 공제하고 구할 수 있는 거야.

2₃ 흙의 종류

그러므로, 흙을 재료나 지반으로 이용하려면 먼저, 어떤 종류가 있으며, 어떤 성질을 갖고 있는가를 파악할 필요가 있는 거야.

하지만, 자연물인 흙은 분포하는 장소가 다양하기 때문에, 철이나 콘크리트처럼 품질을 개별적으로 관리하는 것이 합리적이라곤 할 수 없지.

그래서 어떤 룰에 따라 분류한 그룹별로 그 특성을 대충 파악하는 것이 중요하여, 일본에서는 '지반재료 공학적 분류방법'(JGS 0051)이 정해져 있어.

흙을 그룹별로 분류하기 위한 룰이군요.

흙을 구성하는 흙입자 크기로 사질토와 점성토가 어떻다는 등의 이야기도 있었는데, 모든 것을 입도(粒度)로 분류할 순 없는 건가요?

잘 기억하고 있었네. 까칠까칠하여 잘 구르는 조립토의 공학적 성질은 입도에 따라 대충 판단할 수 있지만

질퍽질퍽하고 끈적끈적한 세립토의 공학적 성질은 '수분 함유 상태'에 지배되므로 입도만으로는 분류할 수 없는 거야.

이를테면 조립분이 많은 바닷가의 모래사장은 항상 동일한 상태지만… 세립분이 많은 논은 '수분 함유 상태'에 따라 딱딱하거나 질퍽질퍽한 상태로 되는 거야.

딱딱한 상태 — 맑은 날

질퍽한 상태 — 비오는 날

이처럼 수분 함유량에 따라서 흙의 상태와 외력에 대한 저항이 변하는 성질을 '컨시스턴시'라고 하는 거야.

단, 많은 흙에는 조립토도 세립토도 섞여 있으므로 입도와 컨시스턴시에 관한 토질시험 결과를 이용하여 분류하는 거야.

에-또 즉 조립토는 입도 세립토는 컨시스턴시에 의해 그룹으로 분류하는 거군요.

저어 컨시스턴시란 도대체 어째서…?

그럼 흙의 분류방법에 관해서 자세히 설명하기 전에 세립토의 컨시스턴시를 이해해야 돼.

통상적으로 점토와 같은 미세한 흙입자 표면은 마이너스 전하를 띠고 있어서, 주위에 있는 물 분자의 플러스 전하와 서로 끌어당기기 때문에 서로 강하게 결합되는 거야.

또 세립분은 질량 당의 표면적 (비표면적)이 크고 흙입자 표면에 다량의 수막(흡착수)을 비축해 두기 때문에 '수분 함유 상태'로 인한 흙입자 계면[※6]의 상태 변화가 흙의 공학적 성질에 크게 영향을 주는 거야.

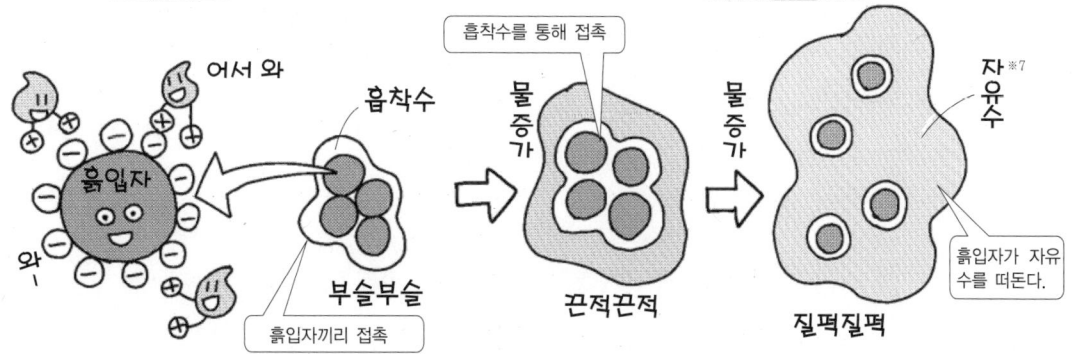

※6 흙입자와 물이 구성하는 흙입자 간의 경계면을 말함.   ※7 흙입자 계면에서 떨어져나가 돌아다니며 움직이는 간격수(間隔水).

이런 사실로 보아, 점토분이 많은 세립토는 흙입자끼리 흡착수를 통해 접촉함으로써 찰기가 있어서 점성토라고 하는 거야. 한편, 모래입자는 점토입자에 비해 수십 배나 커서, 흡착수[※8]가 있어도 입경에 대해 얇은 수막이 파괴되어, 흙입자끼리 직접 접촉하는 거야. 모래는 수분이 있어도 까칠까칠하고 잘 구르는 것은 이 때문이며, 다소 찰기가 있는 것은 자유수의 표면장력에 의한 것이지.

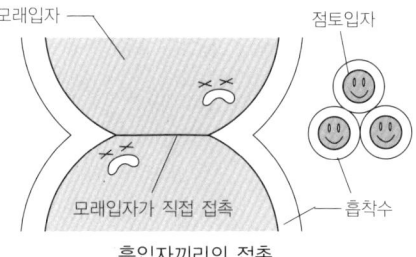

흙입자끼리의 접촉

 질퍽질퍽하며 끈적끈적한 것은 흙입자 자체의 성질이 아니라 흡착수의 역할 때문이군요.

 분명히 점토는 수분 함유 상태에 따라 부슬부슬한 상태도 딱딱한 상태도 되는데, 이것이 컨시스턴시 때문이라는 건가…?

 아래의 그림은 함수비 w를 횡축, 거기에 수반되는 흙의 체적 V를 종축으로 하여, 점성토의 상태변화를 3개의 한계로 구분한 것이지. 흡착수에 더하여 자유수를 듬뿍 머금은 점성토는, 흙입자가 물에 떠 있는 질퍽질퍽한 액체 상태가 되는 거야. 그리고 함수비와 더불어 자유수가 감소하면 흙입자끼리가 흡착수를 통해 접촉하는 착 달라붙는 소성상이 되고, 게다가 함수비가 감소하여 흡착수가 적어지면 서서히 부슬부슬한 반고체 상태가 되고, 이윽고 건조하고 딱딱한 고체상태로 변화되는 거야.

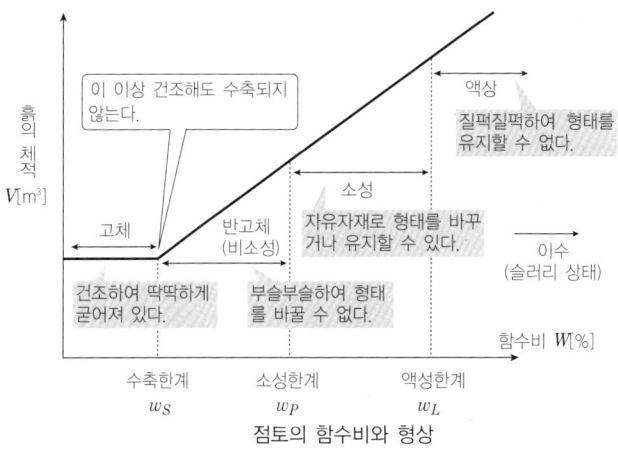

점토의 함수비와 형상

 에-또, 물의 상태가 변화되는 비등점이나 융점과 동일한 이미지로…, 액체상과 소성상의 경계의 함수비 w를 '액성한계 $w_L[\%]$', 소성상과 반고체상의 경계를 '소성한계 $w_p[\%]$', 반고체상과 고체상의 경계를 '수축한계 $w_s[\%]$'라고 하는군요.

[※8] 흙입자 계면에 고정되는 수막(水膜).

그렇지. 이런 점들의 한계값을 총칭하여 '컨시스턴시 한계'[※9]라 하지. 물은 온도에 따라, 점성토는 함수비 w로 인해 고체상에서 액체상으로 상태가 변화되는 거야.

 또, 한 마디로 점성토라 할지라도, 점토와 실트(silt) 이외에 여러 흙입자가 다양한 비율로 포함되므로, 점성토의 컨시스턴시 한계는 각각의 흙에서 서로 다른 거야. 일반적으로는 입경이 작은 점토가 많이 포함된 흙일수록 액성한계 w_L이 크고, 입경이 큰 실트와 모래입자가 많이 포함된 흙일수록 액성한계 w_L이 작아지는 거야. 또 점토 비율이 적으면 액성한계 w_L과 소성한계 w_p의 값이 서로 가까워져, 소성상태를 나타내는 함수비 w의 폭이 좁아지는 경향이 있어.

 액성한계 w_L와 소성한계 w_p의 간격이 크다는 것은 흙이 소성상태가 되는 함수비 폭이 크다는 말이군요.

 그렇지. 그 폭을 '소성지수 I_p' (소성지수 I_p=액성한계 w_L-소성한계 w_p)라 하는데, 이 값이 클수록 보수성이 높고, 함수비 변화에 대응하기 쉬운 재료라고 할 수 있는 거야. 그리고 액성한계 w_L과 소성지수 I_p의 관계를 그림으로 나타낸 것을 '소성도'라 하는데, 세립토의 분류에 활용되지 (→ p.71).

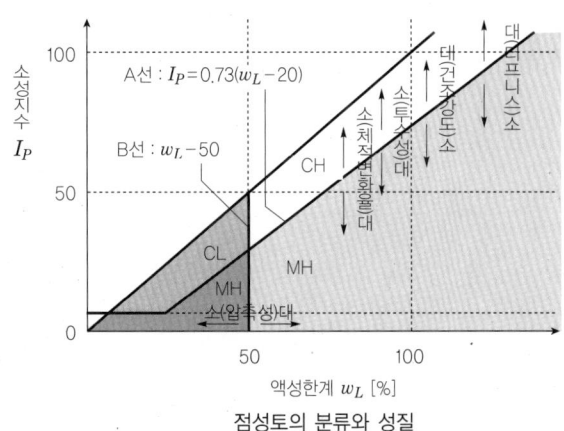

점성토의 분류와 성질

 이를테면 소성도에서 CH, ML의 영역에 플롯(plot)된 흙은, 각각 고액성 한계의 점토, 저액성 한계의 실트로 분류되며, 점토의 압축성은 일반적으로 액성한계 w_L과 비례적으로 커지므로, CH로 분류된 흙은 압축성이 크다고 판단되는 거야.

[※9] 제창자 Atterberg의 이름을 따서 'Atterberg 한계'라고도 함.

자, 드디어 흙 분류인데 지반재료에 관해서 조립토(粗粒土)와 세립토(細粒土)의 분류는 다음과 같아(p.64~66의 분류법은 일본에서 사용되는 것으로, 우리나라는 통일 분류법과 AASHTO 분류법을 사용한다).

지반재료에서부터 조립토·세립토까지의 분류[*10]

 맨 처음에, 지반재료 Gm을 석분 (75mm 이상)의 함유 비율에 의해 암석질재료 Rm, 석분 섞인 토질재료 Sm·R, 토질재료 Sm으로 대분류하고, 석분이 포함되어 있지 않은 토질재료 Sm을 입도(토질시험에 의한)와 기원(관찰에 의한)에 따라, 더욱 더 조립토 Cm와 세립토 Fm, 고유기질토 Pm과 인공재료 Am으로 구별하는 거야.

 그럼, 계속해서 조립토와 세립토의 더 상세한 분류를 확인해 보자.

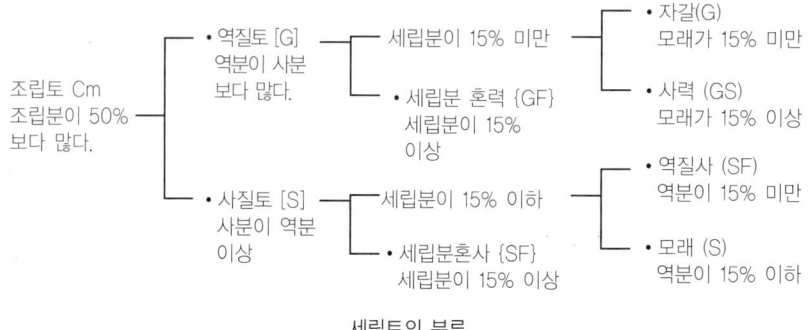

세립토의 분류

 먼저 조립토의 대분류에서는 사분 (0.075~2mm)와 역분 (2~75mm)의 함유율로 역질토(자갈흙) [G]와 사질토 [S]로, 이어서 중분류와 소분류에서는 각각에 포함되는 세립분 (0.075mm 이하), 사분, 역분이 입도분포에 근거하여 분류하는 거야.

 조립토의 공학적 성질은 입도에 영향을 받으므로, 대분류에서 소분류까지 입도에 근거하여 분류하는 거군요.

[*10] 분류된 흙 시료는 분류기호에 따라 표시된다. 대분류는 〔 〕, 중분류는{ }, 소분류는 ( )로 표시된다.

그리고 마찬가지로 조립분, 사분, 역분의 함유 비율로 3각좌표를 사용하여, 조립토의 중분류·소분류, 세립토의 세분류를 판정하는 방법도 있지.

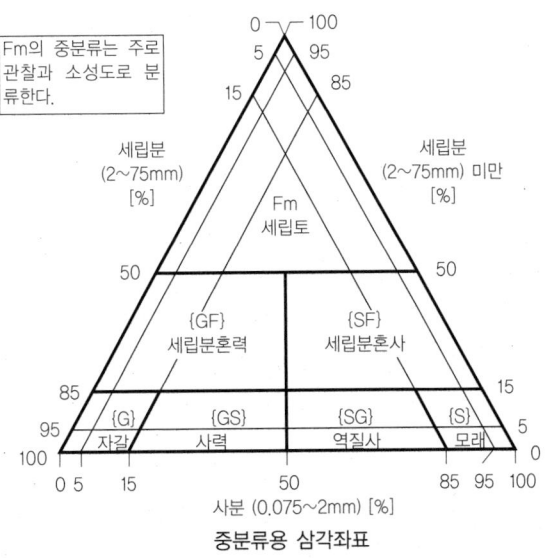

중분류용 삼각좌표

 다음으로, 세립토의 대분류에서는 세립분의 함유 비율과 색조 등의 관찰 결과, 지질적 배경에 의해 점성토 [Cs], 유기질토 [O], 화산재질 점성토 [V]로, 중분류와 소분류에서는 소성도와 컨시스턴시 한계 (액성한계 w_L, 소성지수 w_P)에 근거하여 다음과 같이 분류하는 거야.

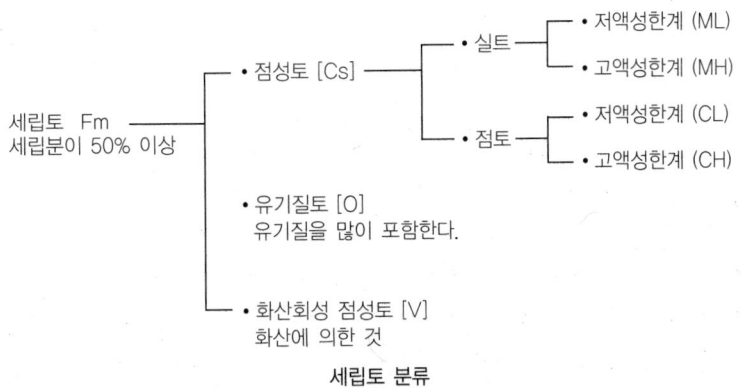

세립토 분류

 세립토의 공학적 성질은 입도만이 아니라, 흙입자의 기원과 물리적·화학적 성질에 영향을 받으므로, 대분류에서는 입도와 관찰, 중분류와 소분류에서는 컨시스턴시에 근거하여 분류된다는 이야기군요.

제2장 어떤 흙? **65**

그렇지. 자연물인 흙을 재료나 지반으로 취급하는 토목기술자는 조사·시험, 계획·설계, 시공 각 단계에서 이처럼 분류된 흙에 관한 정보를 공유하며, 공학적 성질에 대한 공통 인식 아래, 공사를 진척시켜 나가는 거야. 그런데, 흙 분류에 관해서 이해했으니까, 이 분류표를 냉장고에 붙여두고 복습하기 바란다.

  헤에~!

대분류		중분류	소분류
토질재료구분	토질구분	관찰 또는 소성도상의 분류	삼각좌표상의 분류 또는 관찰·액성한계 등에 근거한 분류

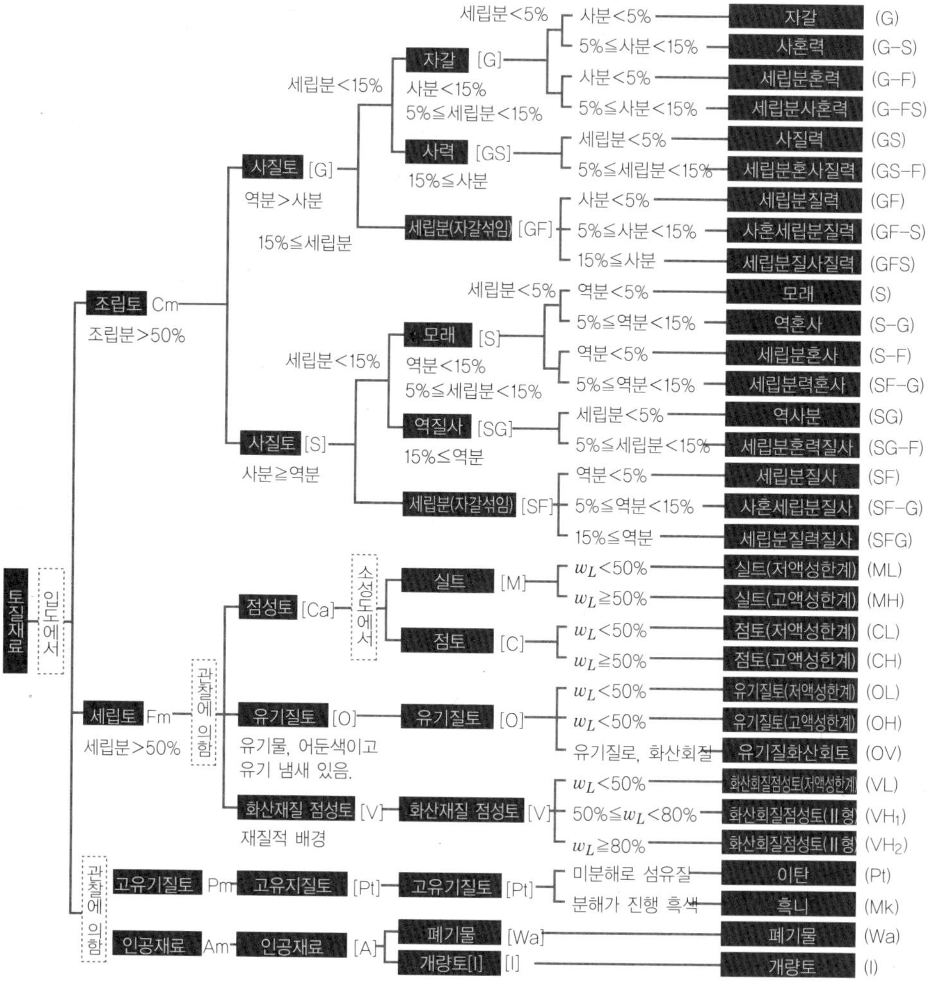

토질재료 공학적 분류 체계

- 조립토 Cm (조립분>50%)
  - 사질토 [G] (역분>사분)
    - 세립분<15%
      - 자갈 [G] (사분<15%)
        - 세립분<5% → 사분<5% : 자갈 (G)
        - 5%≤사분<15% : 사혼력 (G-S)
      - 사력 [GS] (5%≤세립분<15%)
        - 사분<5% : 세립분혼력 (G-F)
        - 5%≤사분<15% : 세립분사혼력 (G-FS)
      - 15%≤사분 : 사질력 (GS)
        - 세립분<5% : 사질력 (GS)
        - 5%≤세립분<15% : 세립분혼사질력 (GS-F)
    - 세립분(자갈섞임) [GF] (15%≤세립분)
      - 사분<5% : 세립분질력 (GF)
      - 5%≤사분<15% : 사혼세립분질력 (GF-S)
      - 15%≤사분 : 세립분질사질력 (GFS)
  - 사질토 [S] (사분≥역분)
    - 세립분<15%
      - 모래 [S] (역분<15%)
        - 세립분<5%, 역분<5% : 모래 (S)
        - 5%≤역분<15% : 역혼사 (S-G)
        - 5%≤세립분<15%, 역분<5% : 세립분혼사 (S-F)
        - 5%≤역분<15% : 세립분력혼사 (SF-G)
      - 역질사 [SG] (15%≤역분)
        - 세립분<5% : 역사분 (SG)
        - 5%≤세립분<15% : 세립분혼력질사 (SG-F)
    - 세립분(자갈섞임) [SF] (15%≤세립분)
      - 역분<5% : 세립분질사 (SF)
      - 5%≤역분<15% : 사혼세립분질사 (SF-G)
      - 15%≤역분 : 세립분질력질사 (SFG)
- 세립토 Fm (세립분>50%) (관찰에 의함)
  - 점성토 [Ca] (소성도에서)
    - 실트 [M]
      - $w_L<50%$: 실트(저액성한계) (ML)
      - $w_L≥50%$: 실트(고액성한계) (MH)
    - 점토 [C]
      - $w_L<50%$: 점토(저액성한계) (CL)
      - $w_L≥50%$: 점토(고액성한계) (CH)
  - 유기질토 [O] (유기물, 어둔색이고 유기 냄새 있음.)
    - 유기질토 [O]
      - $w_L<50%$: 유기질토(저액성한계) (OL)
      - $w_L<50%$: 유기질토(고액성한계) (OH)
      - 유기질, 화산회질 : 유기질화산회토 (OV)
  - 화산재질 점성토 [V] (재질적 배경)
    - 화산재질 점성토 [V]
      - $w_L<50%$: 화산회질점성토(저액성한계) (VL)
      - $50%≤w_L<80%$: 화산회질점성토(II형) (VH$_1$)
      - $w_L≥80%$: 화산회질점성토(II형) (VH$_2$)
- 고유기질토 Pm (관찰에 의함)
  - 고유지질토 [Pt]
    - 고유기질토 [Pt]
      - 미분해로 섬유질 : 이탄 (Pt)
      - 분해가 진행 흑색 : 흑니 (Mk)
- 인공재료 Am
  - 인공재료 [A]
    - 폐기물 [Wa] : 폐기물 (Wa)
    - 개량토[I] : 개량토 (I)

토질재료 공학적 분류 체계

Follow-up

■ 흙의 함수비 시험 (관련규격 : JIS A 1203[※11], JGS 0121)

(1) 시험 목적과 개요

'흙 함수비 시험'에서는 건조로(110±5℃) 또는 전자 레인지를 이용한 건조 전후의 질량변화를 통해 $w = m_w/m_s \times 100[\%]$으로 정의되는 흙의 함수비 $w[\%]$를 구합니다.

(2) 시험 기구와 수순

① 증발접시의 질량(용기) $m_c[g]$를 측정한다.
② 시료를 넣은 질량 (시료+용기) $m_a[g]$를 측정한다.
③ 시료를 넣은 모든 용기를 건조로 또는 전자 레인지에 넣어 질량이 일정하게 되기까지 건조시킨다.
④ 시료를 데시케이터 안에서 실온이 되기까지 식히고, 건조질량(건조시료+용기) $m_b[g]$를 측정한다.

(3) 시험 결과

$$w = \frac{m_a - m_b}{m_b - m_c} \times 100[\%]$$

> 자연 상태의 흙은 함수량에 따라 그 공학적 성질이 크게 변합니다. 이 때문에 함수비는 흙의 상태를 나타내는 제량(諸量) 중에서 가장 기본적인 값이라 할 수 있으며, 토목구조물의 시공 조건을 정하는 면에서도 함수비 파악은 필수입니다.

■ 흙입자의 밀도시험 (관련규격 : JIS A 1202, JGS 0111)

(1) 시험 목적과 개요

'흙입자의 밀도시험'에서는 흙입자의 질량 m_s를 흙의 건조 질량에서 흙입자의 체적 V_s를 동일한 체적의 물 질량으로 치환하여 측정하고, $\rho_s = m_s/V_s$로 정의되는 흙입자의 밀도 $\rho_s[g/cm^3]$를 산출합니다.

(2) 시험 기구와 수순

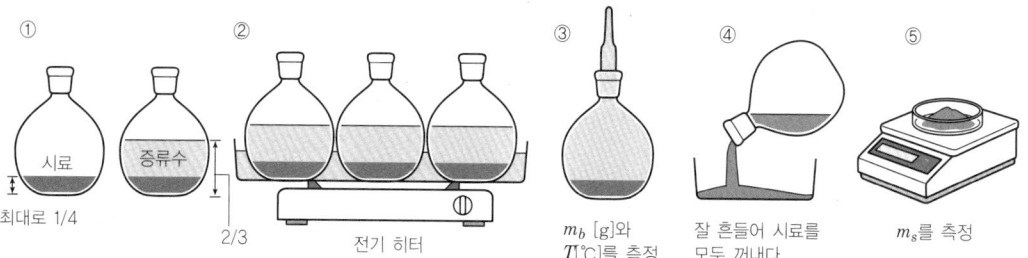

[※11] JIS (일본공업규격)에 정해진 규격 기준 번호.

① 비중병에 시료를 바닥에서부터 1/4 정도까지 넣고, 거기에 2/3 정도까지 증류수를 넣는다.
② 끓이면서 가끔 흔들어 기포를 충분히 제거한 후 내용물이 상온이 될 때까지 방치한다.
③ 증류수를 추가하여 비중병을 채우고, 전질량 m_b[g]와 내용물의 온도 T[℃]를 측정한다.
④ 내용물 전량을 증발접시에 꺼내어, 건조로(110±5℃)에서 질량이 일정하게 될 때까지 건조시킨다.
⑤ 건조 후의 시료를 데시케이터 안에서 실온이 될 때까지 식히고, 시료의 건조 질량 m_s[g]를 측정한다.

(3) 시험 결과

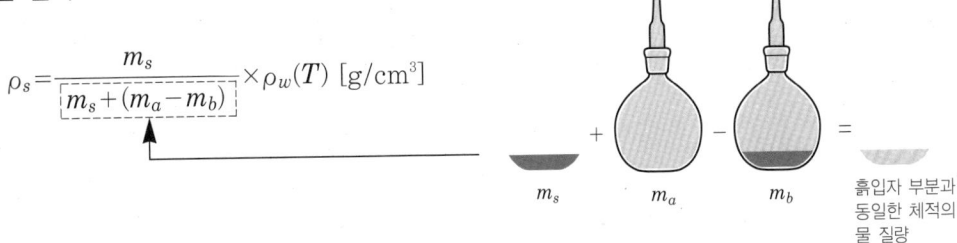

$$\rho_s = \frac{m_s}{m_s + (m_a - m_b)} \times \rho_w(T) \text{ [g/cm}^3\text{]}$$

m_a : T [℃]에서의 증류수를 채운 비중병의 질량 [g]
$\rho_w(T)$: T [℃]에서의 증류수 밀도 [g/cm³]

> 분모는 흙입자 부분과 동일한 물 질량을 나타내며, 이것을 T[℃]에서의 증류수 밀도 $\rho_w(T)$로 나눈 값이 흙입자의 체적 V_s가 됩니다.

■ 흙의 습윤밀도시험 (관련규격 : JIS A 1225, JGS 0191)

(1) 시험 목적과 개요
 '흙의 습윤밀도시험'에서는 흙 전체의 질량 m과 체적 V를 직접 측정하여, $\rho_t = m/V$로 정의되는 흙의 습윤 밀도 ρ_t[g/cm³]를 산출합니다. 체적 V의 측정방법에는 '버니어 캘리퍼스 법'과 '파라핀 법' 두 종류가 있는데, 여기서는 버니어 캘리퍼스 법에 관해서 설명합니다.

(2) 시험 기구와 수순
 ① 교란되지 않은 시료로 성형한 샘플의 질량 m[g]을 측정한다.
 ② 샘플의 평균 직경 D[cm]와 평균 높이 H[cm]를 측정한다.
 ③ 성형했을 때의 깎아낸 부스러기를 채취하여 함수비 w[%]를 측정한다.

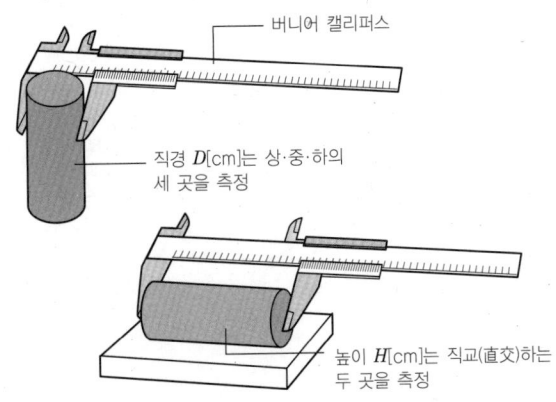

(3) 시험 결과

다음의 식으로 체적 $V[cm^3]$를 구하여, 정의에 근거하여 흙의 습윤밀도 $\rho_t[g/cm^3]$를 산출한다.

$$V = \frac{\pi}{4} D^2 H \ [cm^3]$$

> 습윤밀도 ρ_t를 산출하여, 그 시료의 함수비 w로 흙의 건조밀도 ρ_d를, 흙입자밀도 ρ_s로 간극비 e와 포화도 S_r을 구할 수 있습니다.

■ 흙의 입도시험 (관련규격 : JIS A 1204, JGS 0131)

(1) 시험 목적과 개요

'흙의 입도시험'은 입경가적곡선으로 나타내는 흙의 입도 (각 입경의 분포상태)를 파악하는 시험입니다. 입경이 75mm 미만의 시료를 대상으로, 세립분을 '침강분석', 조립분을 '체분석'으로 측정합니다.

(2) 시험 기구와 수순

다음 수순에 따라 흙의 입도시험을 실시합니다. 침강분석에서는 구체의 직경에 따르는 침강속도를 가정한 '스토크스(Stokes)의 법칙'으로 흙입자의 입경을, '비중 부표의 이론'으로 통과질량 백분율을 구합니다.

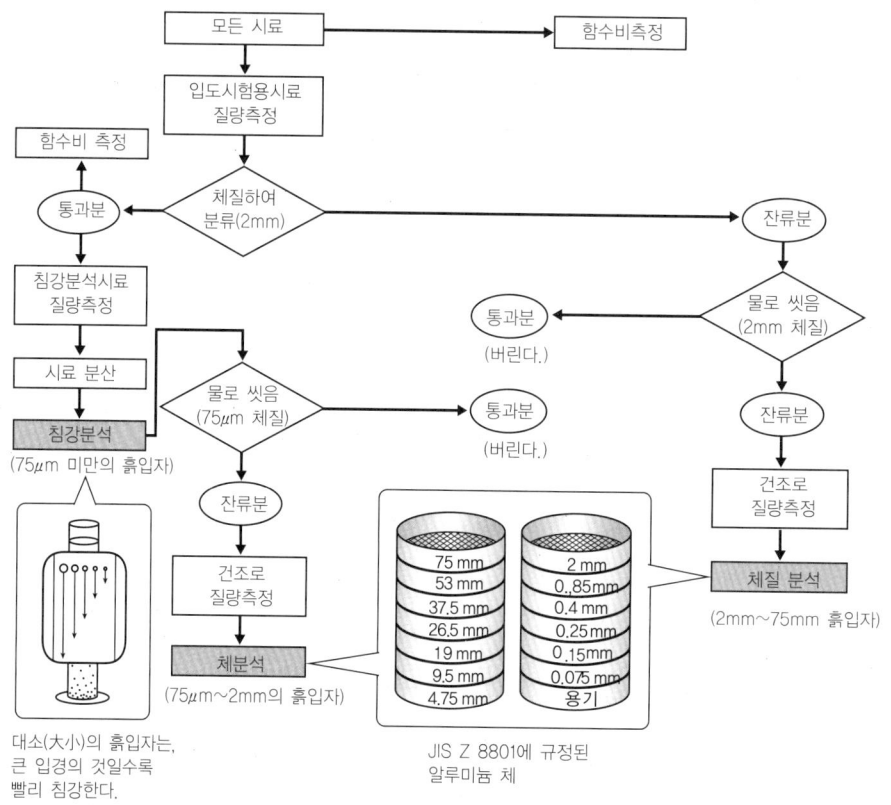

(3) 시험 결과

세로에 통과질량 백분율 [%], 가로에 입경[mm]을 편대수로 플로트하여, 입도분포곡선을 작성합니다. 흙의 입도분포곡선에서는 흙입자의 입경이 분포하는 범위를 한눈에 파악할 수 있어, 이를테면 좌측 그림에서 ①은 세립분이 많은 흙, ②는 입경이 좁은 범위에 집중하는 다짐 특성이 나쁜 흙, ③은 입경이 넓은 범위에 분포하는 다짐 특성이 좋은 흙의 입도특성이 판단됩니다.

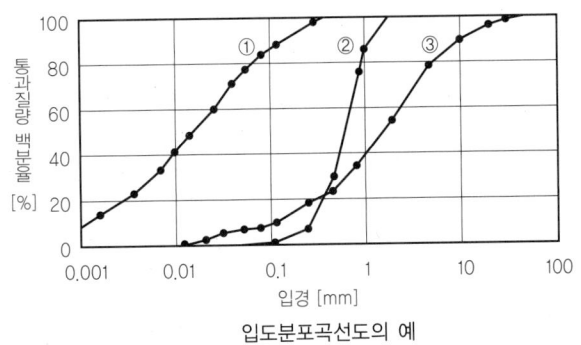

입도분포곡선도의 예

■ 흙의 액성한계·소성한계 시험 (관련규격 : JIS A 1205, JGS 0141)

(1) 시험 목적과 개요

'흙의 액성한계·소성한계 시험'에서는 흙의 컨시스턴시 한계 중 '액성한계 w_L'과 '소성한계 w_P'를 측정하여, 그 흙이 소성상태가 되는 함수비 폭을 나타내는 '소성지수 I_P'를 산출합니다.

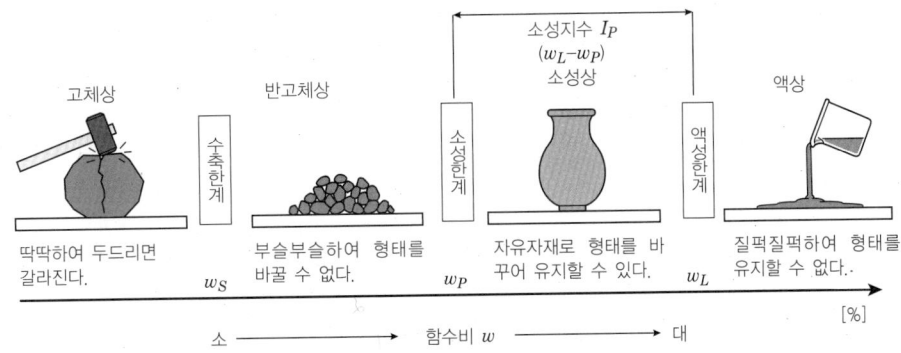

(2) 시험 기구와 수순

액성 한계시험 : 시료를 넣은 황동 접시를 자유낙하(1cm)시켜, 시료를 2등분한 밑바닥이 25회의 낙하 횟수로 합류하는 함수비 w를 구합니다.

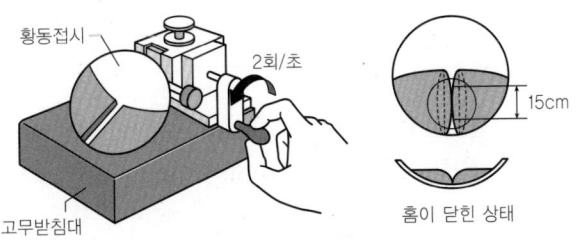

제2장 어떤 흙?

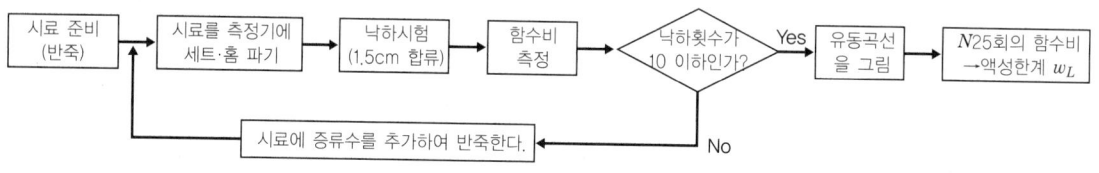

소성한계시험 : 액성한계시험에 사용한 시료의 일부를 손바닥으로 끈 모양의 상태로 변형시켜, 지름 3mm일 때 토막토막이 되는 함수비 w를 구합니다.

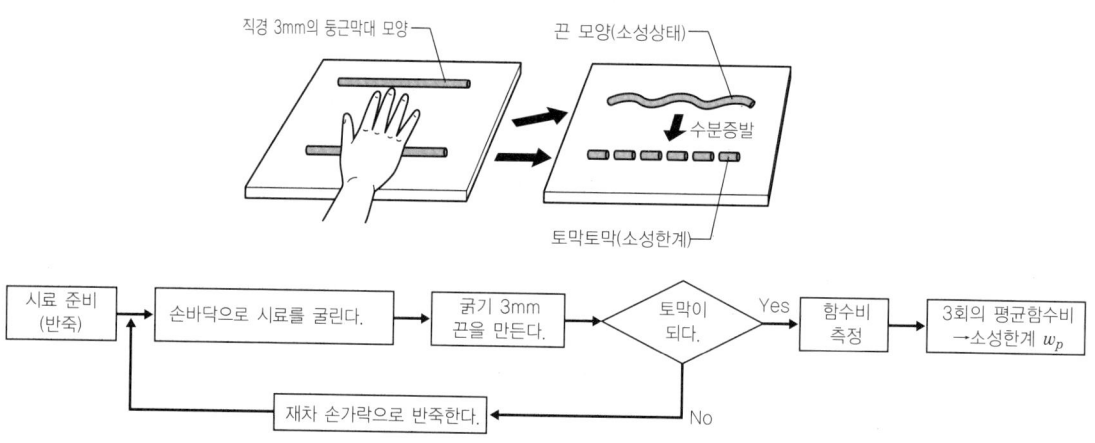

(3) 시험 결과

　이 시험 결과는 세립토의 소성도에 의한 분류와 물리적 성질의 파악, 점성토의 역학적 성질의 추정을 비롯하여, 성토와 노상에 활용되는 재료토의 적부 판정에 이용됩니다.

■ 래머(rammer)로 흙다짐 시험 (관련규격 : JIS A 1210, JGS 0711)

(1) 시험 목적과 개요

　'래머로 흙다짐 시험'에서는 흙의 함수비 w를 변화시키면서, 동적으로 동일한 조건 하에서 래머를 하여, 최대의 건조밀도($\rho_{d\,max}$)를 얻을 수 있는 다짐에 최적인 함수비(w_{opt})를 구합니다. 현장에서 흙다짐을 할 때는, 다짐시험에서 흙의 다짐 특성을 파악하여 적절한 계획과 시공을 합니다.

(2) 시험 기구와 수순

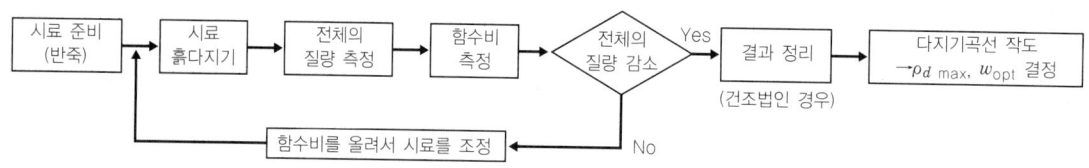

위와 같은 수순에 따라 래머로 흙다짐시험을 실시합니다. 시험방법에는 래머와 몰드(mold)의 크기, 다짐 횟수가 다른 A~E의 5종류와, 시료 준비방법에 의한 a~c의 3종류가 있으며, 조성하는 구조물과 흙의 종류, 입경 등에 따른 조건을 조합하여 시험을 실시합니다.

(3) 시험 결과

이 시험 결과는 흙다짐 특성을 파악함과 동시에, 현장에서 시공할 때 함수비와 시공관리 기준의 기초가 되는 밀도 결정에 이용됩니다.

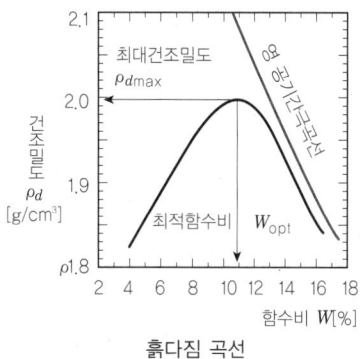

흙다짐 곡선

■ 흙다짐 방법

도로 성토와 도로의 노상, 노반, 하천·해안 제방의 구축, 구조물의 뒤채움과 되메우기를 할 때는 반드시 흙을 다져서 강도의 증가와 압축성의 저감으로써 안정성을 높입니다. 현장에서의 흙다짐에는 인력이나 소형기계 및 대형기계로 하는 등등의 다양한 방법이 있지만, 다져진 흙의 성질은 흙 종류에 따라 다를 뿐만 아니라 동일한 흙이라도 다짐 에너지의 종류(동적·정적과 크기, 더하기 다짐할 때의 함수비에 따라서도 다릅니다.

통상적으로는 다짐 에너지가 작으면 충분한 효과를 얻지 못하고, 지반이나 재료의 성질에 문제를 발생시키지만, 반대로 다짐 에너지가 너무 커도 좋지 않은 경우가 있으며, 함수비가 높은 점성토를 다짐할 때 반복하기 작용에 따르는 전단파괴로 인해 흙의 강도가 저하되는 현상을 '과다짐'이라 합니다.

진동 롤러(flat roller)　　콤바인드 롤러　　머캐덤 롤러　　타이어 롤러
(사진제공 : 가네코·코포레이션)

■ 흙의 상태를 나타내는 제량(諸量)

[예제]

어떤 흙시료에 대해 습윤밀도시험을 하였더니, 샘플의 체적 V가 70.65cm³, 질량 M이 125.93g, 건조질량(m_s)이 98.35g이었다. 또 흙입자의 밀도시험에서는 $\rho_s = 2.670$g/cm³를 얻었다. 이 흙시료의 함수비 W, 습윤밀도 ρ_t, 건조밀도 ρ_d, 간극비 e, 간극률 n, 포화도 S_r을 구하라.

(개념) 흙의 상태를 나타내는 제량은 일반적으로 다음 단계에 따라 구할 수 있습니다.

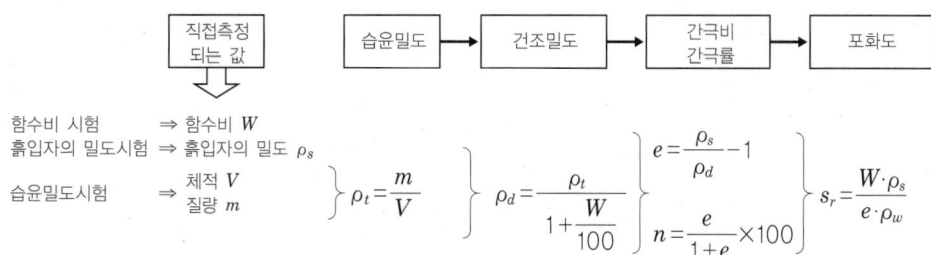

토질시험에서 직접 측정되는 값은, 함수비 w, 흙입자의 밀도 ρ_s, 습윤밀도 ρ_t의 세 종류가 있으며, 기타의 제량은 이러한 값을 활용하여 각 관계식으로 산출합니다.

[해답]

함수비 w : $w = \dfrac{m_w}{m_s} \times 100 = \dfrac{m - m_s}{m_s} \times 100 = \dfrac{125.93 - 98.35}{98.35} \times 100 = 28.0[\%]$

습윤밀도 ρ_t : $\rho_t = \dfrac{m}{V} = \dfrac{125.93}{70.65} = 1.782[\text{g/cm}^3]$

건조밀도 ρ_d : $\rho_d = \dfrac{m_s}{V} = \dfrac{98.35}{70.65} = 1.392[\text{g/cm}^3]$

(또는 함수비 w와 습윤밀도 ρ_t에서 $\rho_d = \dfrac{\rho_t}{1 + \dfrac{w}{100}} = \dfrac{1.7821}{1 + \dfrac{28.0}{100}} = 1.392[\text{g/cm}^3]$

간극비 e : $= \dfrac{V - V_s}{V_s} = \dfrac{V}{V_s} - 1 = \dfrac{V}{\dfrac{m_s}{\rho_s}} - 1 = \dfrac{\rho_s}{\dfrac{m_s}{V}} - 1 = \dfrac{\rho_s}{\rho_d} - 1 = \dfrac{2.670}{1.392} - 1 = 0.919$

간극률 n : $n = \dfrac{V_v}{V_s + V_v} \times 100 = \dfrac{\dfrac{V_v}{V_s}}{1 + \dfrac{V_v}{V_s}} \times 100 = \dfrac{e}{1 + e} \times 100 = \dfrac{0.918}{1 + 0.918} \times 100 = 47.9[\%]$

포화도 S_r : $S_r = \dfrac{\dfrac{V_w}{V_s}}{\dfrac{V_v}{V_s}} \times 100 = \dfrac{\dfrac{m_w}{\rho_w} \Big/ \dfrac{m_s}{\rho_s}}{e} \times 100 = \dfrac{\dfrac{m_w}{m_s}}{e \rho_w} \times 100 \, \rho_s = \dfrac{w \rho_s}{e \rho_w} = \dfrac{28.0 \times 2.670}{0.918 \times 1}$
$= 81.4[\%]$

(참고)

이 문제에서는 간극률 n과 포화도 S_r의 관계식을 조립할 때 $1/V_s$ 모델을 이용하면 편리합니다.

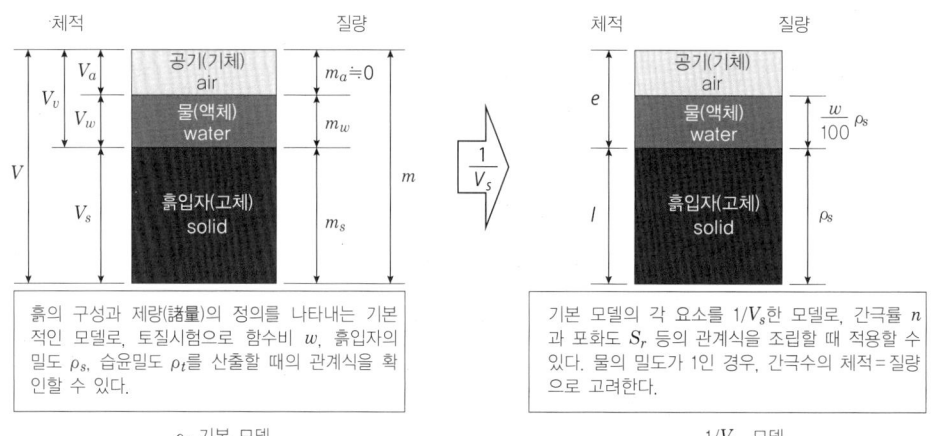

ρ_t 기본 모델

1/V_t 모델

제3장 흙 속의 물?

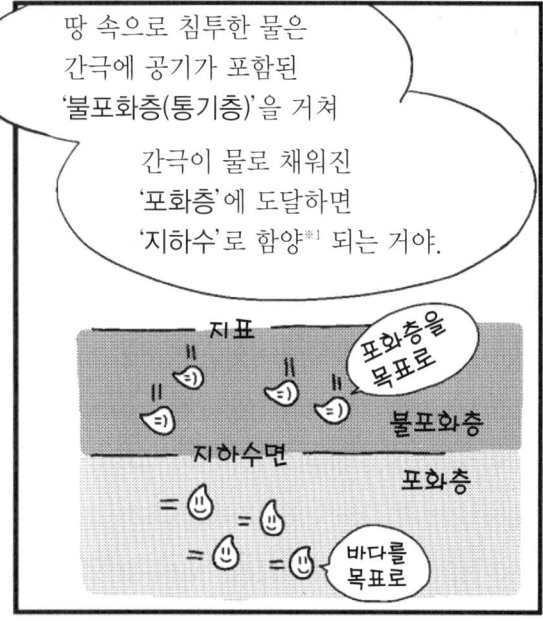

※1 빗물 등의 침투로 인해 지하수가 축적되는 것을 '함양(涵養)'이라고 함.

※2 지하수면은 포화층의 상부(上部) 경계를 가리키며, 지하수위는 어떤 기준면에서부터의 깊이를 가리키고, 지하수가 축적되는 에너지와 관련이 있다.

"마찬가지로 흙도 물을 빨아올리는 건가요?"

"이처럼 수면 근처의 작은 간극이 물 표면장력[3]에 의해 포화되는 현상을 '모세관현상'이라고 하는데, 이 범위를 '모세관포화대'라 하는 거야."

"빨아올린다기보다는… 물이 자력으로 올라가는 이미지라고 할까?"

지표면
표면장력으로 올라가다-
불포화수대
모세관현상
모관포화대
지하수면
포화수대

※3 액체가 표면적을 작게 하려고 표면의 분자가 내부로 당겨지는 단위 길이 당(當)의 계면(界面) 에너지를 말함.

3 ② 지하수의 흐름

바로 그거야. 흙에 물이 침투하기 쉬운 것을 '투수성'이라 하는데, 땅의 활동(滑動)과 제방의 파괴, 지반침하와 같은 문제와 관련된 중요한 성질이지. 그럼 투수성이 높은 흙이란 어떤 거라고 생각하니?

 모래밭의 흙이 산의 흙보다도 입경이 큰 것 같은데….

 땅 속에서는 간극이 물이 지나가는 통로가 되므로…, 간극이 큰 흙인가요?

 응. 큰 흙입자로 구성되어, 간극이 크고 많은 흙일 수록 투수성은 높아지는 거지. 투수성에 따라 지층은 크게 세 종류로 분류하는 거야.

불투수층	난투수층	투수층
균열이 없으며, 치밀한 화성암이나 변성암으로 되어 있어 물이 침투하기 쉬운 지층.	광범위하게 또는 장기적으로 보면 지하수의 함양과 유동에 기여하는 점토층, 롬층, 혈암 등으로 된 지층.	충분한 투수성이 있는 굳어지지 않은 자갈층이나 모래층, 균열이 발달한 화산암 등으로 된 지층.

 더구나 투수층의 포화된 범위를 '대수층'이라고 하는데, 압력 상태에 따라 '불압대수층', '피압대수층', '누수성대수층'으로 분류해.

 뭐야, 한꺼번에 여러 가지 단어가 나와 제대로 소화를 못 하잖아요.

 에-또, 여기서 중요한 것은 압력상태에서…, 이를테면 지반이 위쪽에서부터 대수층-불투수층-대수층-불투수층-대수층…의 식으로 교차되게 구성되어 있다는….

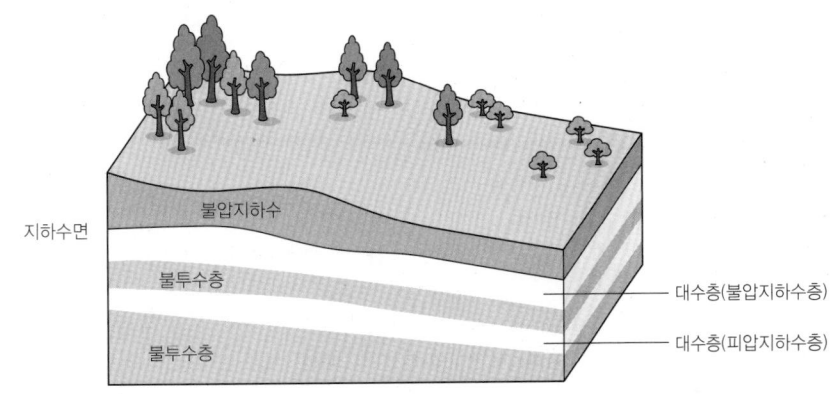

지하 구조 (대수층과 불투수층)

 (투수성이 빵, 햄, 빵, 햄…의 샌드위치와 같은 구성이구나….)

이럴 때 제일 위쪽의 대수층에는 지하수면이 존재하고, 불포화층을 통해 대기와 통하므로, 대기압과 거의 동일한 압력 상태에 있는 거야. 이처럼 압력이 가해지지 않는 대수층을 '불압대수층', 이 층을 흐르는 지하수를 '불압지하수'라 하지.

 게다가 불압대수층은 침투수로 인해 직접 함양되므로, 지하수위에 따라 대수층 두께가 변하는 거지. 이와 같은 수면을 '자유수면', 지하수를 '자유지하수'라고 해.

 한편 불투수층 사이에 끼여 있는 더 깊은 대수층에는 지하수면이 없고, 수도관처럼 압력이 가해지는 대수층을 '피압대수층', 이 층을 흐르는 지하수를 '피압지하수'라고 해.

 대수층의 압력 상태는 불압과 피압…, 그리고 누수성이란 뭐에요?

 누수성대수층은 피압지하수가 불투수층의 균열을 통해 다른 대수층으로 누출되는 대수층을 말하는데, 누수 상황에 따라 주위의 압력 상태가 변하는 거야.

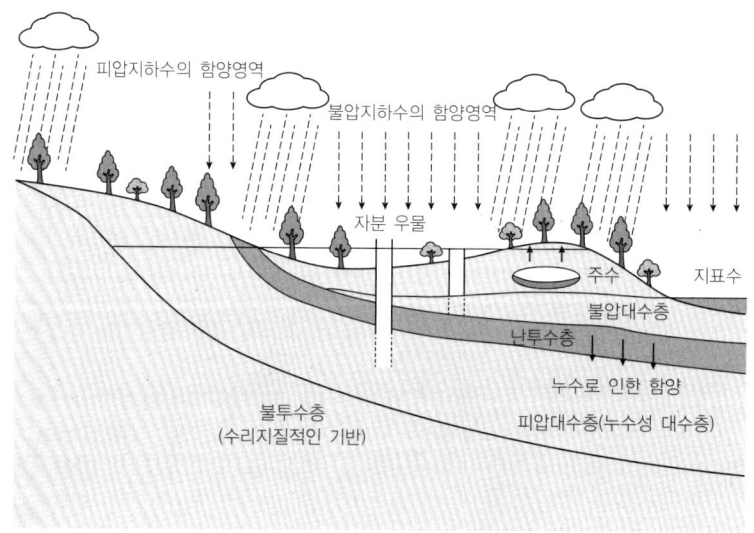

지하수의 함양·침투와 대수층의 상태

※4 땅 속의 어떤 지점에서의 지하수가 갖고 있는 에너지 상태를 지하수 포텐셜이라 하는데, 토질역학에서는 위치 에너지(위치수두)와 압력 에너지(압력수두)를 합한 것을 포텐셜 에너지(전수두)로 취급한다 (수리학(水理學)에서는 이것을 '피에조 수두'라고 함).

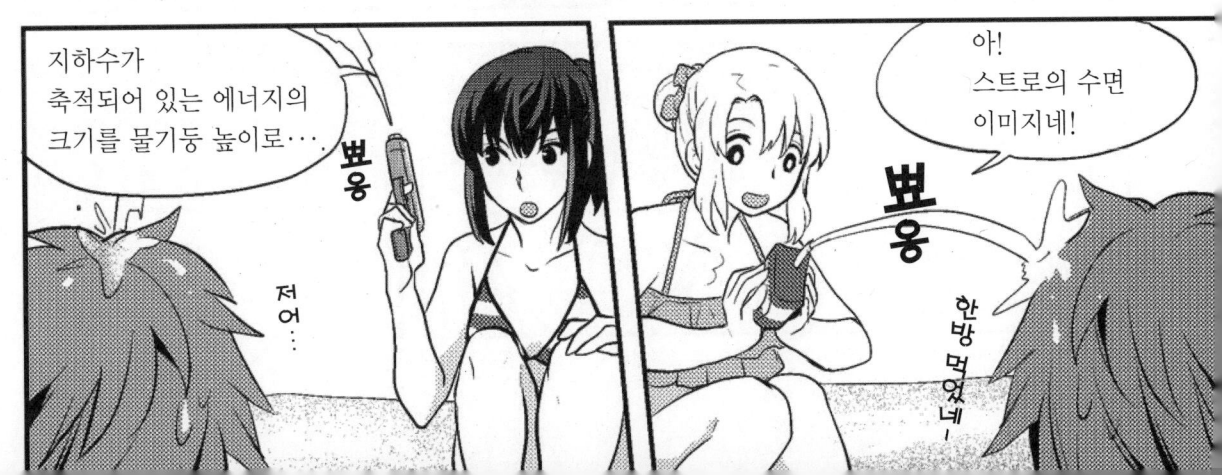

3 ③ 흙의 투수성

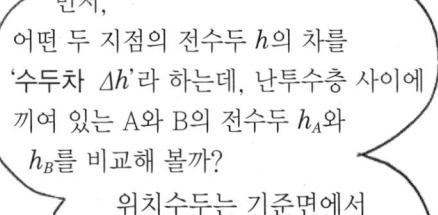

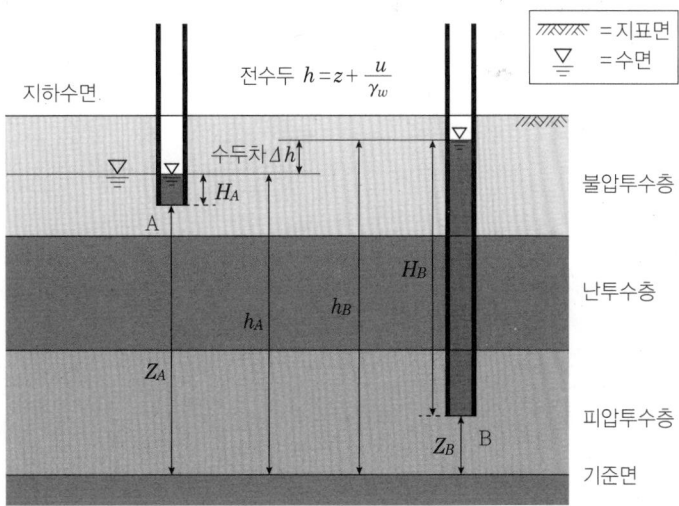

전수두 $h = z + \dfrac{u}{\gamma_w}$

※6 지하수가 지반 내를 침투하면서 흐르는 속도.

글쎄. 지하수의 흐름도 침투장 L[cm, m]에 대한 수두차 Δh에 영향을 받아, 유속 v를 좌우하는 이 경사를 '동수경사 i'$(=\Delta h/L)$라고 해. 여기서 침투장 L은 두 점 간의 수평거리가 아니고 지하수가 땅 속을 침투하는 거리를 가리키는 점에 유의해야 돼.

 물을 움직이는 경사에서, 동수경사 i인가?

 맞아, 물을 움직이는 사랑(i)의 힘이지.

 …저어, 실제로 지하수의 유속 v는 어느 정도인가요?

 하루에 수 cm에서 수백 m까지, 평균적으로 1m/d 정도일까? 단, 크기가 일정하지 않은 간극을, 지하수는 여러 경로로 흐르므로 땅 속의 어떤 단면에서는 다른 유속(간극유속)을 가진 침투류가 혼재하는 거야. 하지만, 이들은 복잡하게 변하여 개별적으로 파악하는 것은 불가능하므로, 대상 단면 전체의 간극 유속을 평균화한 외견상의 흐름인 '플럭스 (유속)'를 고려하는 거지.

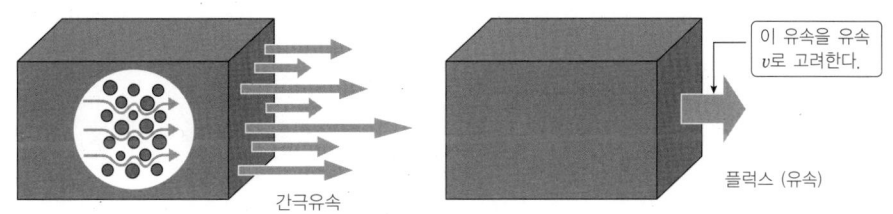

 단면을 평균화한 유속 v를…, 그런 것 어떻게?

 다르시(Darcy)라는 사람이, "투수계수 k의 땅 속을 흐르는 지하수의 유속 v는 동수경사 i에 비례한다."는 법칙을 발견한 거야.

유속 v = 투수계수 k × 동수경사 i [cm/s, m/d]

(다르시의 법칙)

 투수계수 k의 땅 속?

그럼, '토질의 눈'으로 땅 속 물이 통과하는 길(투수면적)을 관찰해 볼까?

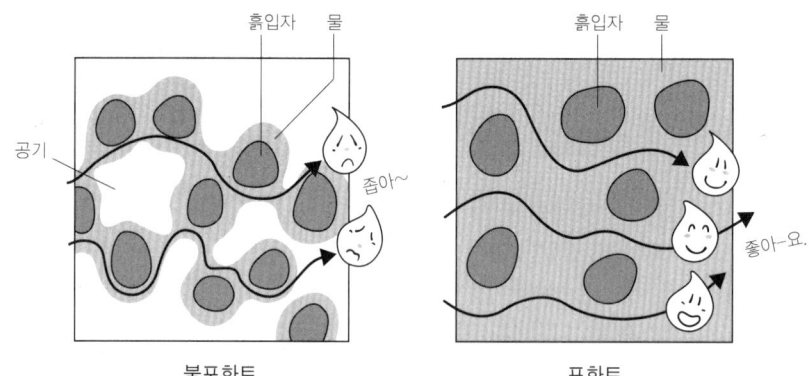

 토중수는 흙입자를 비켜가면서 간극을 통과하는 거군요.

 불포화토에서는 간극의 공기도 토중수의 이동을 방해하는 건가?

 맞아, 바로 그거야. 포화상태일 때, 그 흙의 침수면적이 최대가 되고, 침수성은 최대가 되는 거지.
'투수계수 k' [m/s]란, 그 흙이 갖는 투수성의 비율을 나타내는 상수이며, 흙 종류에 따라 대체로 다음과 같은 범위가 되는 거야.

흙 종류와 투수계수 k의 목표/기준

투수계수 k [m/s]	10^{-11}	10^{-10}	10^{-9}	10^{-8}	10^{-7}	10^{-6}	10^{-5}	10^{-4}	10^{-3}	10^{-2}	10^{-1}	10^{0}
	실질상 불투수성		대단히 낮다		낮다			중간 정도		높다		
	점성토			미세사, 실트 모래·실트·점성토 혼합토				모래 및 자갈			깨끗한 자갈	

 자갈의 10의 0승부터 점토에서는 10의 −11승까지, 투수계수 k는 흙 종류에 따라 자릿수가 다르네요!

 그렇지. 그러므로, 흙의 투수성은 투수계수 k가 몇 승의 자릿수인가로 판단되며, 유속 $v(=k \cdot i)$도 투수계수 k의 크기로 자릿수가 달라지게 되지.
더구나, 투수계수 k는 물의 밀도 γ_w에 비례하며, 점성계수 μ^{*7}에 반비례하는 성질이 있어, 흙의 밀도와 간극비, 포화도, 간극의 형상과 배열에도 영향을 받아⋯.

※7 수온과 함께 변하는 점성의 정도를 나타내는 계수(係數).

그럼 투수계수 k는 어떻게 구하는 건가요?

 투수계수 k는 '실내투수시험'과 '현장투수시험'으로 직접 측정하는 거야 (→ p.101).

 흙 종류로 투수계수 k 범위가 정해져 있다면, 입도로 추정할 수 있을 것 같은데요.

 맞아, 바로 그거야. 하젠(Hazen)은 유효경(有效徑) D_{10}[※8]과 투수계수 k 간에 다음의 관계식이 성립되는 것을 발견했어.

$$\text{투수계수 } k = C \cdot D_{10}^2 \cdot 10^{-2} \ [\text{m/s}] \ (\text{하젠의 식})$$

 여기서 C는 모래의 입도와 다져진 상태를 나타내는 '하젠의 비례 상수'이고, 무른 모래에서 120, 잘 다져진 모래에서 70 정도이지만, 간이적으로 $C=100$으로 하는 수가 많지.

또 유효경 D_{10}은, 입도분포곡선 (→ p.71)으로 통과질량 백분율이 10%가 되는 체망의 칫수[cm]를 해독한 값으로, 흙의 투수성에 유효하게 작용하는 입경이므로 '유효경 D_{10}'이라고 해.

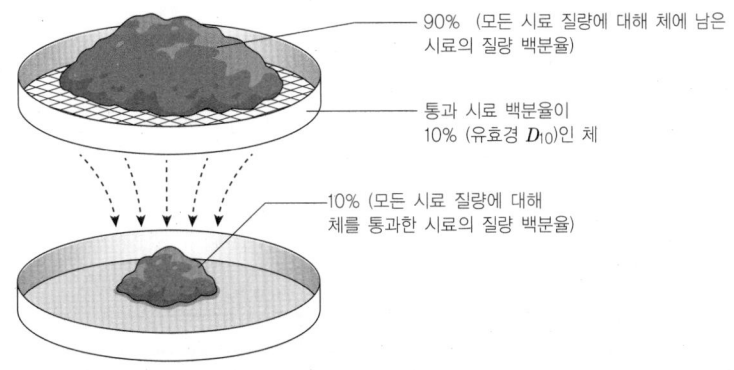

통과질량 백분율과 유효경 D_{10}의 이미지

 아-! 유효경 D_{10}이 크면 지하수가 통과하는 길인 간극도 커져, 물이 투과하기 쉬워진다는 말이군요.

※8 체를 통과하는 흙 질량이 10%가 될 때의 체망의 크기가 유효경 D_{10}이 된다 (→ 제2장).

3❹ 투수량을 구하는 방법

※9 어떤 단면을 단위 시간 당에 통과하는 물의 체적을 가리키며, 단순하게 '유량' 또는 '투수량'이라고도 한다.

투수층이 불투수층의 사이에 끼여 있는 경우에는 투수단면적 A가 거의 일정하므로, 직접 측정할 수 있지만….

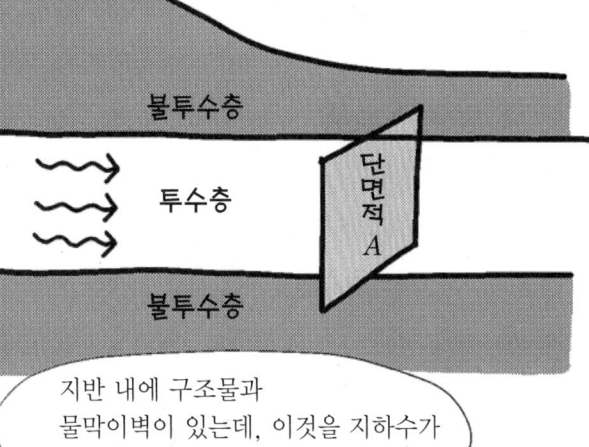

지반 내에 구조물과 물막이벽이 있는데, 이것을 지하수가 우회하듯이 침투하는 경우에는

침투단면적 A가 변하므로 침투유량 Q의 식을 그대로 이용할 수가 없는 거야.

그럴 때는 '유선망(flow-net)을 이용하여 고려하지.

유선망?

유선망이란, 침투류의 경로를 보여주는 '유선'과 유선상에서 전수두의 등점을 연결한 '등포텐셜선'으로 된 그물망 모양의 그림을 말하는 거야.

등포텐셜선…?

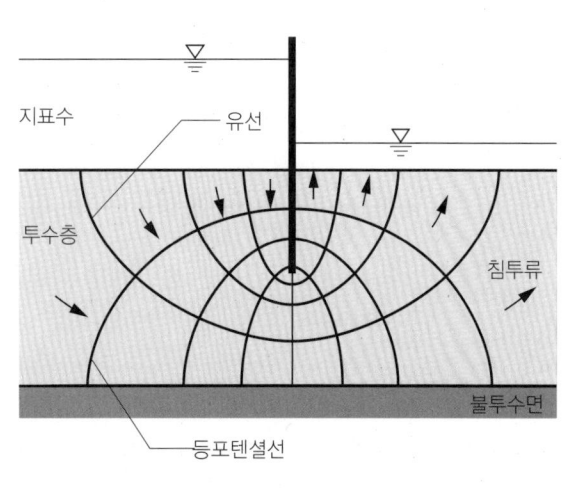

유선망

제3장 흙 속의 물? 95

등포텐셜선을 이미지하기 위해 등고선을 예로 들어 고려해 보자. 등고선에 대해, 물은 어떤 경로로 산 정상에서 산 기슭로 흐르는 걸까?

 높은 곳에서 낮은 곳으로…, 우회하지 않고 등고선을 넘어가며 흐릅니다.

 그렇지. 산 정상에 내린 비는 등고선을 직교하듯이, 즉 위치의 고저차를 최단거리로 횡단하듯이 흘러가는 거야.

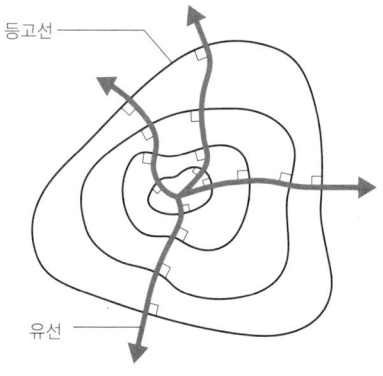

 유선망에서는 등포텐셜선에 대해 유선이, 이와 관련되어 있는 거야. 유선망을 그리는 방법에는 '수학적으로 푸는 방법, 모형실험으로 관찰하는 방법, 손으로 그리는 방법' 세 가지를 고려할 수 있지.

등고선과 직교하는 물의 흐름

 가능하면 수학적이 아닌 방법으로….

 이 중에서 수학적으로 푸는 방법으로는 방정식으로, 적당한 경계조건을 주어 해석하지만, 약간 실용적이 아니라서 모형실험을 통해 관찰하는 방법은 비교적 규모가 커서 제법 비용도 들지.

 그러므로, 과거의 실적을 참고로 하면서 유선망의 특성을 근거로 손으로 그리는 '도식해법'(도해법)이 널리 이용되고 있지 (→ p.104).
아무튼 유선망을 그려서, 이것을 이용할 때는 다음의 특성이 전제가 되는 거야.

[유선망의 특성]
- 지표수와 지반이 만나는 경계면은 등포텐셜선인데, 유선군은 여기에 직교한다.
- 불투수면과 지반이 만나는 경계면은 유선인데, 등포텐셜선군은 여기에 직교한다.
- 지반 내와 흙구조물내의 지하수면(자유수면)은 유선으로, 전수두는 위치 수두와 동일하다.
- 유선에서 (양쪽 사이에) 끼여 있는 하나의 띠(유로)를 분할하는 각 그물망에서는, 어느 것이나 유로의 유량과 같다.
- 유선에서 (양쪽 사이에) 끼여 있는 각각의 유로는 어느 것이나 유량이 같다.
- 등포텐셜선으로 분할된 유로 내의 각 그물망에서는 상실되는 수두(손실 수두)가 같다.

여기서 유선망을 이미지하여, 등포텐셜선 간격이 넓고, 침투장 L이 긴 체망일수록, 동수경사 $i(=\Delta h/L)$, 유속 $v(=ki)$은 어떻게 될까?

 에–또, 침투장 L이 길면 동수경사 i가 작아지므로…, 유속 v는 완만하게?

 아, 등고선과 기압배치도와 같은 느낌이네요!

 바로 그거야. 에너지 관점에서 보면 등고선은 위치 에너지의, 기압배치도는 압력 에너지가 같은 선을 그린 것으로, 등포텐셜선은 위치와 압력 양쪽을 합한 등고선이라 할 수 있지. 이 때문에 유선망으로는 작은 그물망일수록 유속 v가 빠르고, 큰 그물망일수록 유속 v가 늦어지므로, 눈으로도 침투류의 상황을 대충은 파악할 수 있는 거야.

 그럼 유선망의 특성을 근거로, 침투단면 A가 일정하지 않은 지반의 침투유량 Q를 구해 보자.
먼저, 그림으로 그린 유선망에 관해, 유선에서(양쪽에) 끼여 있는 띠(유로)의 수치를 유로수 N_f, 유관이 등포텐셜선으로 구분된 숫자를 분할수 N_d로 하면, 이 경우에는 $N_f=4$, $N_d=8$이 되는 거야. 이 N_f와 N_d는 형상계수라 하는데, 유선망을 통해 직접 해독하는 거야.

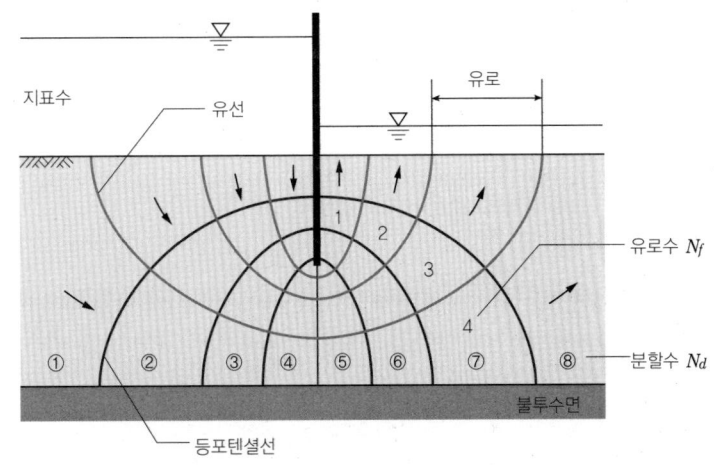

유선망에서 해독하는 N_f와 N_d

계속해서, 유선망의 각 체망이 정사각형으로 하여, 하나의 체망에서의 동수경사 $i(i=\Delta h/L)$를 침투유량 $Q=A \cdot k \cdot (\Delta h/L)$와 유선망의 특성을 근거로 고려해 보자. 먼저 하나의 체망을 통과할 적마다 상실되는 수두는, 널말뚝 좌측에서부터 우측에 이르는 전체의 수두차 Δh를 수두의 분할수 N_d로 등분한 $\Delta h/N_d$가 되지.

다음에, 체망 한 변을 a로 하면, 이것을 침투장 L로 하는 각 체망의 동수경사 i는 $i=(\Delta h/N_d)/a$가 되고, 하나의 체망에서의 단위 폭(안쪽까지의 길이) 당, 즉 단면적 $A=a \times 1$의 침투유량 q는

$$q = Aki = Ak\frac{\Delta h}{l} = k\frac{\Delta h}{N_d} \times \frac{1}{a} \times a \times 1 = k\frac{\Delta h}{N_d}$$

이 되는 거야.
더욱이 침투유량 q는 유선에서 (양쪽 사이에) 끼여 있는 유로 1개 당의 침투유량을 나타내므로, 전체의 침투유량 Q는, 이것을 유로수인 N_f배로 하면

$$Q = q \times N_f = k\Delta h \frac{N_f}{N_d}$$

이 되는 거야.

그러므로, 균일한 등방성 지반에 관해서는, 측정한 투수계수 k, 수두차 Δh, 그리고 유선망으로 해독한 N_f와 N_d를 이 식에 대입하여 침투유량 Q를 구할 수가 있는 거야 (→ p.106).

유선망이란 편리하지만, 정확한가요?

확실히 유선망 같은 도식해법은 눈으로 직접 확인하면서 전체적인 것을 파악할 수 있는 유효한 해석법이지만, 해독상의 오차나 작도상의 오차 같은 것을 피할 수는 없는 거야. 그러므로 이런 해를 이용할 때는 오차가 어느 정도 발생할 가능성이 있는가를 알아 두는 것이 중요하지.

먼저, 실제로 내가 직접 그려 볼래요!

글쎄. 조금 경험을 쌓으면, 경계 조건이 복잡한 경우에도 간단한 작업으로 유선망을 그릴 수가 있어서, 근사해법이기는 해도 충분한 계산 정도를 얻을 수가 있는 거지.

Follow-up

■ 흙의 투수시험

(1) 시험 목적과 개요

'흙의 투수시험'에서는 땅 속에서의 간극수 (자유수)가 이동하기 쉽다는 점을 정량적으로 평가하기 위해, 샘플을 이용해 실내에서 측정하는 '실내투수시험', 또는 현장에서 직접 측정하는 '현장투수시험'으로, $v=k \cdot i$로 정의되는 투수계수 k[m/s]를 구합니다. 흙의 투수성은 흙의 종류와 밀도, 포화도, 수온 등으로 인해 달라서, 현장의 조건과 시험목적에 따라 적절한 시험방법을 선택합니다.

(2) 시험 기구와 수순

1. 실내 투수시험 (JIS A 1218, JGS 0311)

투수성과 시험방법의 적용성 (지반공학회(地盤工學會))

투수계수[m/s]	10^{-11}	10^{-10}	10^{-9}	10^{-8}	10^{-7}	10^{-6}	10^{-5}	10^{-4}	10^{-3}	10^{-2}	10^{-1}	10^{0}
투수성	실질상 불투수성		대단히 낮다.		낮다.			중간 정도		높다.		
대응하는 흙의 종류	점성토		미세사, 실트, 모래·실트, 점성토혼합토					모래 및 자갈		깨끗한 자갈		
투수계수를 직접 구하는 방법	특수한 변수위 투수시험		변수위 투수시험					정수위 투수시험		특수한 변수위 투수시험		
투수계수를 간접적으로 구하는 방법	압밀시험 결과로 계산			없음				깨끗한 모래와 자갈은 입도와 간극비로 계산				

실내 투수시험에는, 위와 같이 투수성이 높은 흙에 적합한 '정수위 투수시험'과 투수성이 낮은 흙에 적합한 '변수위 투수시험'이 있는데, 다져진 시료와 교란되지 않은 시료를 이용하여 다음의 수순에 의해 포화상태에서의 투수계수 k를 측정합니다. 또한 투수계수 k는 수온 15℃의 값 (k_{15})을 일반적으로 이용하기 때문에, 수온 T[℃]의 투수계수 k_T에 수온과 물의 점성(粘性)에 관한 보정(補正)을 하여, 투수계수 k_{15}를 구합니다.

실내 투수시험

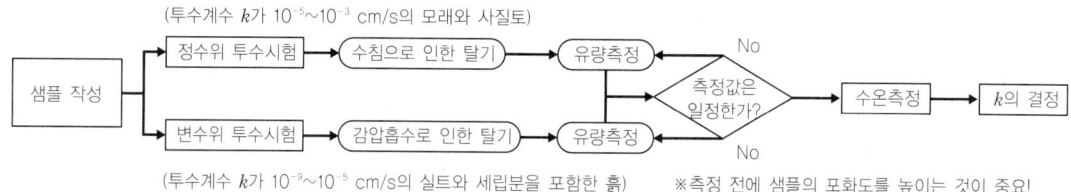

정수위 투수시험 : 상하의 월류수조(越流水槽)로 인한 수위차 Δh[cm]를 일정하게 유지하면서 길이 l[cm]의 흙시료를 시간 t[s]에 통과한 투수량 Q[cm³]을 측정하는 방법인데, 다음 식으로 투수계수 k를 구합니다.

$$k = \frac{Q \cdot l}{A \cdot t \cdot \Delta h} \times \frac{1}{100} \text{ [m/s]}$$

여기서, A : 샘플 단면적 [cm²]

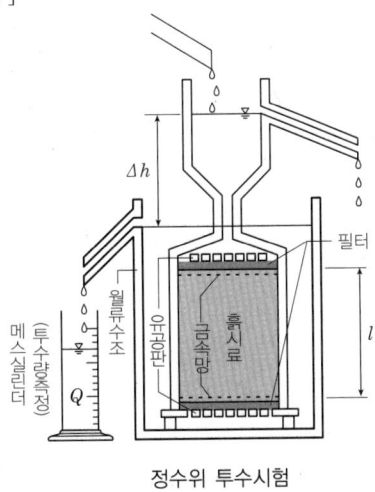

정수위 투수시험

변수위 투수시험 : 스탠드 파이프 수면까지의 수위차 h[cm]를 변화시키면서, 수위차 h_1[cm]가 되는 시간 t_1[s]에 수위차 h_2[cm]가 되는 시간 t_2[s]를 측정하는 방법으로, 다음 식으로 투수계수 k를 구합니다.

$$k = \frac{2.303 \cdot a \cdot l}{A \cdot (t_2 - t_1)} \times \log_{10} \frac{h_1}{h_2} \times \frac{1}{100} \text{ [m/s]}$$

여기서, a : 스탠드 파이프 단면적 [cm²]

변수위 투수시험

2. 현장 투수시험 (JGS 1314)

  '현장 투수시험'은 단일의 보링 구멍 또는 우물을 이용하여 투수계수 k를 직접 측정하는 시험으로, 지반의 투수성에 의해 '비정상법'과 '정상법'으로 분류하여 사용합니다.

  비정상법(非正常法) : 투수계수 k가 10^{-4}m/s 정도 이하의 지반을 대상으로 하여, 측정용 파이프 내의 수위를 일시적으로 저하 또는 상승시켜, 평형상태로 되돌아가는 경시적(經時的)인 수위변화를 측정하여 지반의 투수계수 k를 구합니다.

  정상법(定常法) : 투수계수 k가 10^{-5}m/s 정도 이상의 사력(모래자갈)지반을 대상으로 하여, 측정용 파이프 내의 수위가 양수 또는 주수(注水)로 인해 일정해지는 유량을 측정하여 지반의 투수계수 k를 구합니다.

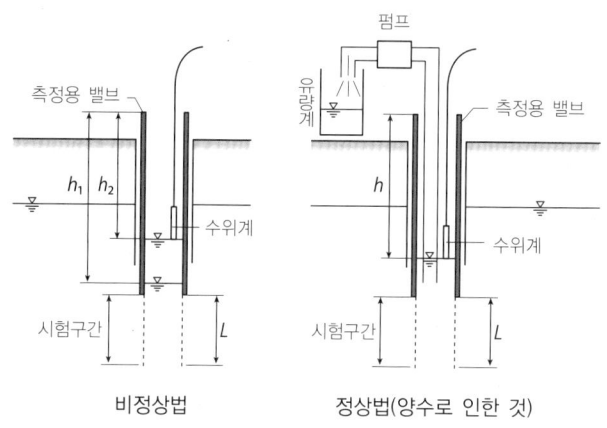

비정상법   정상법(양수로 인한 것)

(참고) 양수시험 (JGS 1315)

  '양수시험'은 양수정(揚水井)과 복수의 관측정을 이용하여 지반의 투수 특성을 구하는 시험으로, 1개의 구멍을 이용한 현장 투수시험에 비해 광범위한 지반의 수리상수(水理常數) (투수량계수 T 및 저류(貯留)계수 S)를 구할 수 있습니다. 자연 지반이 있는 토층(土層) (대수층)이 있는 범위에서의 평균적인 투수성에 관해서, 다음 식을 통해 투수계수 k를 구할 수 있습니다.

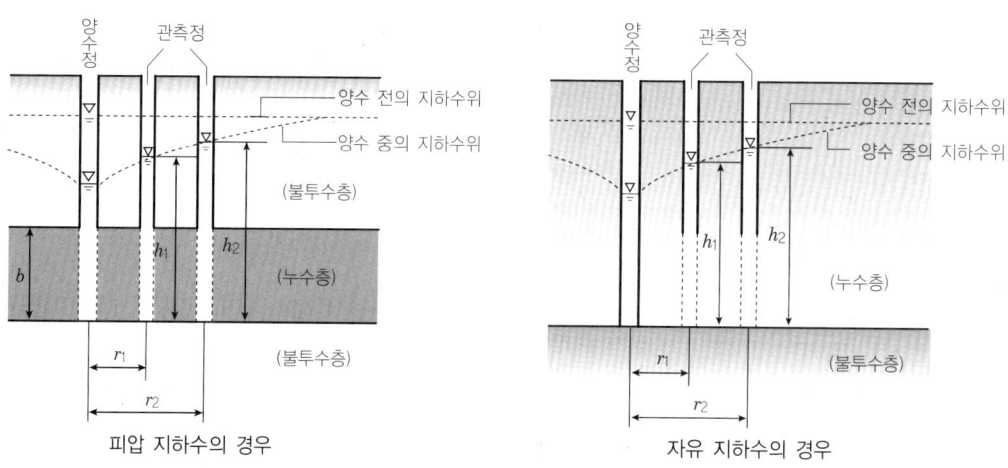

피압 지하수의 경우   자유 지하수의 경우

피압 지하수의 경우

$$k=\frac{2.303 \cdot q}{2\pi b \cdot (h_2-h_1)} \times \log_{10}\frac{r_2}{r_1} \times \frac{1}{100} \text{ [m/s]}$$

여기에, b : 피압대수층의 두께 [cm]
q : 단위시간의 양수량 [cm³/s]
r_1, r_2 : 양수정에서부터 관찰정까지의 거리 [cm]
h_1, h_2 : 양수정에서부터 r_1, r_2 거리에 있는 관측정의 지하수위 [cm]

자유지하수의 경우

$$k=\frac{2.303 \cdot q}{\pi \cdot (h_2^2-h_1^2)} \times \log_{10}\frac{r_2}{r_1} \times \frac{1}{100} \text{ [m/s]}$$

(3) 시험 결과

투수계수 k는 다음의 공사 등에서 필요한 제량(諸量)의 계산과 문제해결의 자료로 이용됩니다.
- 우물의 양수량 계산.
- 필댐(filldam), 하천·해안 제방 등의 제방과 기초 지반에서의 누수량 계산.
- 지하수위 아래의 지반을 굴삭할 때의 용수량 계산 (차수(遮水)의 요부(要否)의 판정).
- 경사면의 안정문제에 영향을 주는 침투류 검토.
- 지하수위 저하 공법에서의 양수량 계산.

실내 침수시험 결과는, 그 샘플이 갖는 물성치(物性値)로 되메우기와 성토에 이용하는 재료의 투수성, 또는 지반의 국부적인 투수성 등의 평가에 이용되는 수가 많아, 현장의 투수계수 k와 침투유량 Q 등의 투수문제를 다룰 때에는 현장 투수시험 결과를 이용하는 것이 일반적입니다.

■ 간극수압 측정

간극수압은 일반적으로 간극수압계를 이용하여 측정합니다. 간극수압계에는 개방형과 폐쇄형 2종류가 있는데, 간편한 측정장치인 마노미터형 간극수압계(폐쇄형)의 예를 다음 페이지의 그림에 제시합니다.

- 마노미터형 간극수압계(폐쇄형)의 측정 수순
  ① 콕 1, 2를 열고, 탈기수(脫氣水)를 펌프로 파이프 안으로 유입시킨다. 이 때, 파이프 안의 공기는 물과 함께 탈기공(脫氣孔)으로 배출된다.
  ② 콕 1, 2를 닫고 마노미터 및 파이프 안이 탈기(脫氣)된 것을 확인한다. 이 조작은 흙 속의 수분 상태를 혼란시키지 않도록 신속하게 한다.
  ③ 마노미터의 영점(零點)에 대한 수위차 h_1, h_2를 측정하여 영점에서부터 침의 깊이 H를 이용하여 다음 식을 통해 간극수압 u 및 과잉간극수압 Δu을 구한다.

  $$u=13.6\times(h_2-h_1)+h_1+H \text{ [g/cm}^2\text{]}$$

$\Delta u = u - (D-z)$ [g/cm²]
여기서, D[cm] : 지하수면의 깊이
z[cm] : 팁 표고

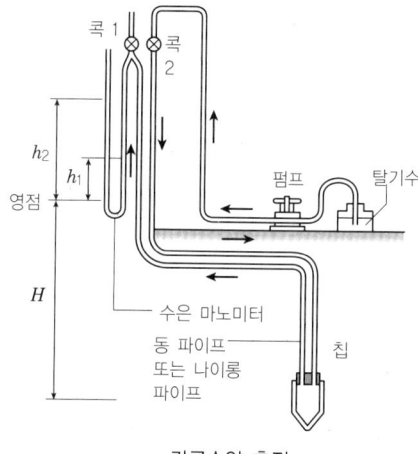

간극수압 측정

■ 유선망 (도해법) 그리는 법
　유선망은 다음 수순으로 각 체망이 정사각형에 가깝게 조정을 반복하면서 그리기 시작합니다.
　① 대상범위 전체를 보고 지표면과 불투수면의 경계면, 자유수면 등의 경계조건을 파악한다.

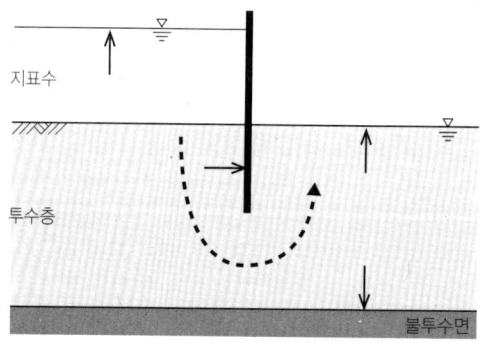

② 침투류가 출입하는 면에 직교하여, 불투수면을 우회하도록 대표적인 유선부터 그린다.

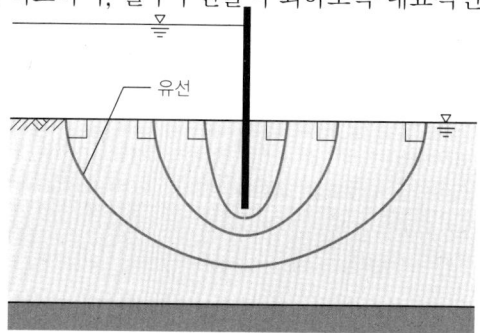

③ 유선으로 직행하여 그물눈이 만들어내는 사변형의 폭과 길이가 같아지도록 등 포텐셜선을 그린다.

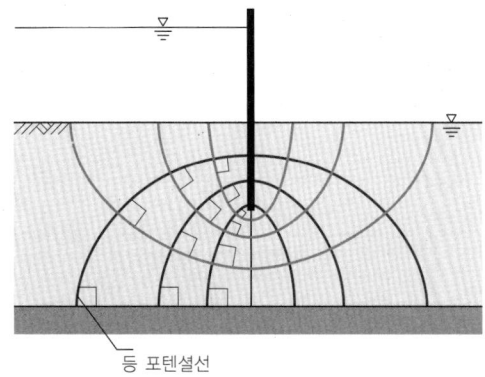
등 포텐셜선

④ 각 교점이 직교하여, 각 체망의 폭과 길이가 같아지도록 조정을 반복하여 마무리한다.

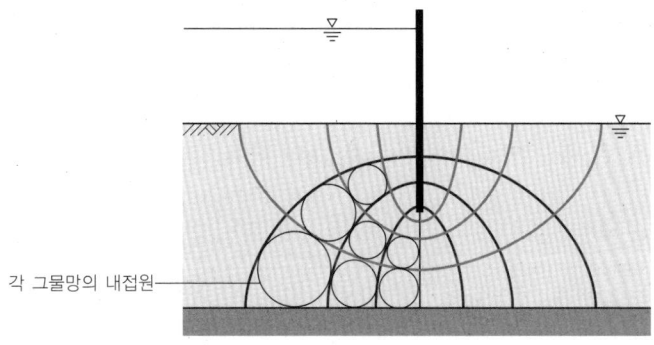
각 그물망의 내접원

　침투류는 여러 경계면에 대응하면서 압력과 유속이 변하기 때문에, 등포텐셜선의 간극도 일정해지지는 않습니다. 유선망을 그릴 때, 각 그물눈을 정확한 정사각형으로 표현하는 것은 곤란하지만, 원이 내접(內接)하는 격자망(格子網) 모양으로 그리는 것이 포인트입니다. 또한 토질공학에서의 도식해법에는 유선망 외에 사면의 안정해석에서의 분할법과 몰의 응력원(應力圓) 등이 있습니다.

■ 유선망 (도해법)으로 침수량 계산

[예제]
투수성 지반 위에 구축된 콘크리트 댐에 관해서, 그림처럼 유선망이 그려져 있다. 이 지반은 등방성으로, 투수계수 $k=2.0\times10^{-5}$m/s, 수두차 $\Delta h=5.5$m의 경우, 단위 안쪽까지의 길이 1m, 하루 침투유량 Q[m³/day·m]은 얼마인가?

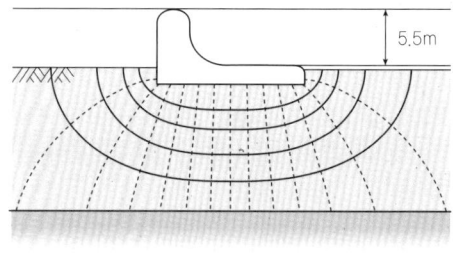

[개념]
유선에서 끼여 있는 띠의 수치 N_f와 등포텐셜선에서 끼여 있는 띠의 수치 N_d를, 셈하는 방향과 경계조건에 주의하며 유선망부터 해독합니다. 현장의 침투유량 (침수량)은 하루[m³/d·m]로 계산하는 수가 많아, 투수계수 k를 단위로 환산한 다음에 수두차 Δh와 함께 침투유량 Q의 식에 대입하여 계산합니다.

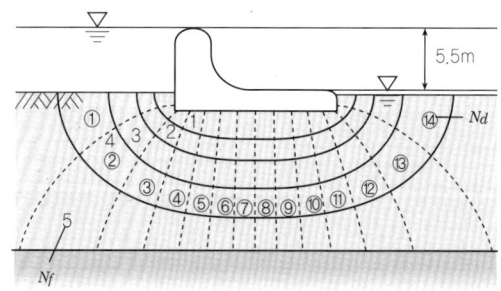

[해답]
유선망으로, $N_f=5$, $N_d=14$
문제로부터, $k=2.0\times10^{-5}$ m/s$=1.728$m/d, $\Delta h=5.5$
이를 침투유량 Q식에 대입하여

$$Q=k\cdot\Delta h\cdot\frac{N_f}{N_d}=1.728\times 5.5\times\frac{5}{14}=3.39\text{m}^3/\text{d}\cdot\text{m}$$

제4장 지반 내부의 힘

그래서

뭣땀시 내 집에 있겠다는 거야?

아니 뭐-, 여기가 학교에서 제일 가깝고 해서.

선물이에요, 이거 약소한

나도 아직 방을 구하지 못해서.

절대로! 절대로 안 된다니까!!

씩 씩

여하튼.

삐시거덕

우와

어머, 귀여워♡

굉장하다-.

4 ① 지반 내 응력이란?

물체의 표면적인 변형만이 아니라, 내부에 발생하는 응력 즉 "무거워~"하는 소리에 귀를 기울여, 물체가 어떻게 완강히 버티고 있는가를 파악하는 거야.

참고로 말하자면, 응력은 자체의 무게만이 작용하는 상태와, 거기에 재하중이 작용한 상태로 분류하여 고려하는 거야. 의자 다리가 된 심정이면 이해하기 쉬울까?

의자 다리가, 의자 자체의 무게(자중)를 받을 때와 사람이 앉아 증가한 무게(재하중)을 받을 때와 같구나.

지반도 마찬가지로, 흙 자체의 무게를 받는 응력과, 구조물 등의 재하중을 받아서 증가하는 응력으로 분류하여 고려한다는 말이구나.

그럼, 외력에 의해 압축되는 지반 내부의 상황을 고려해 보자! 지반을 구성하는 흙은 흙입자 골격과 간극수, 공기로 되어 있지만, 여기서는 흙입자의 심정이 되어 상상해 볼까? 이를테면 만원 전차에 사람이 가득 탔을 때, 전차 안의 사람들은 어떤 느낌일까?

그야 빽빽하게 서로 밀치면서 에너지를 전달하며 밀착하려고 할까…?

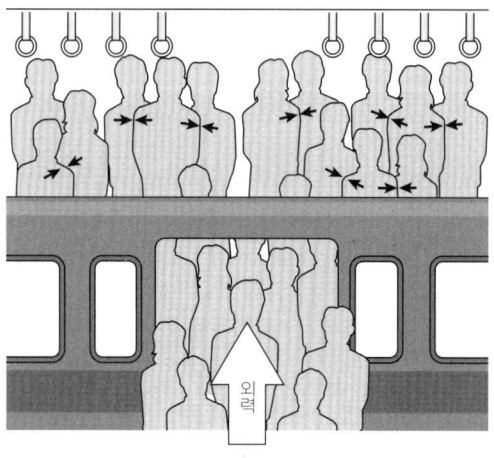

만원 전차 내의 상황

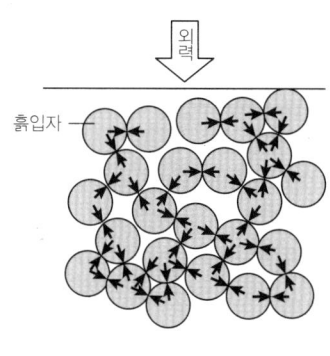

지반 내의 상황

맞아, 지반 내에서도 마찬가지로 외력이 가해지면 흙입자끼리 서로 밀치면서 에너지를 전달하고, 그 자리에서 받아들일 수 없게 되면 서로 조금씩 방향과 위치를 바꾸려고 하겠지.

그리고, 이 상황을 더 넓게 확장하여, 재하중에 의해 지반 내에 발생한 응력을 크기가 같은 점에서 연결(등응력선)하면, 이를테면 이런 형태가 되는 거야.

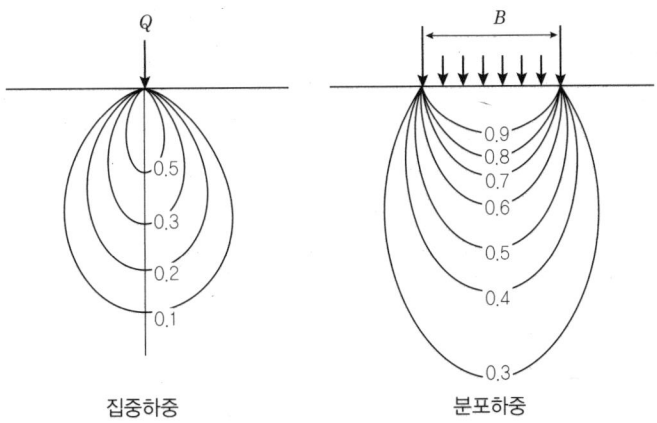

집중하중   분포하중

 왠지 양파 같은 느낌이 든다.

 만원 전차에서도 출입문에서 멀어질수록 떠밀리는 영향은 적어지는 거야.

 그렇지, 그런 의미지. 이건 식물 구근을 닮았으므로 '압력구근'이라고 해.

 다음은 간극이 물로 채워진 포화상태의 흙인 경우를 고려해 보자. 마찬가지로 만원 전차에서, 이번에는 간극수를 사람끼리의 틈새를 매꾸는 짐으로 상상해 보는 거야.

 사람이 떠밀려서 밀착하려고 하면 짐도 함께 떠밀린다?

 즉, 포화상태의 흙이라면 간극수도 흙입자와 함께 외력에 의한 압축을 받는다고나 할까?

 맞아. 두 사람 모두 실력이 굉장하다!

 즉, 포화토에서는 간극수도 응력의 일부를 분담해 주므로, 포화상태의 지반 내부에 발생하는 전체의 응력은, '흙입자골격의 응력'과 '간극수의 수압'을 합친 것이 되는 거지.

그러므로 흙입자골격에 발생하는 응력을 '유효응력 σ'', 간극수에 발생하는 응력을 '간극수압 u', 전체의 응력을 '전응력 σ'라 하여 구별하고 있어.

 전응력 σ = 유효응력 σ' + 간극수압 u란 말인가?

유효응력 σ' + 간극수압 u = 전응력 σ

 그런데, 유효응력이란 무엇이 유효하다는 것인가요?

 좋은 질문이야. 이를테면 압밀 (→ 제5장)과 전단강도 (p.189) 같은 흙의 역학적 성질은, 전응력이 아니라 유효응력 σ'에 의해 영향을 받는 거야. 그러므로 흙의 역학적 성질에 유효하게 작용한다는 의미에서 '유효응력'이라 하는 거야.

 즉, 지반 내에서 완강히 버티는 흙입자들의 '무거워~' 하는 소리지.

 참고로 말하자면, 유효응력 σ'은 직접 구할 수 없지만, 전응력 σ는 계산으로 파악할 수 있고, 간극수압 u는 직접 계측할 수도 있는 거야. 그래서 조금 전에 성원씨가 말한 계산식이 도움이 돼.

 전응력 σ = 유효응력 σ' + 간극수압 u이구나.

 맞아, 그 식을 유효응력 σ' = 전응력 σ - 간극수압 u로 변형함으로써 유효응력 σ'를 구하는 거야(테르자기의 유효응력식).

아하하, 이미지는 그런 느낌이지.

지반 내에서는 커진 수압으로 흙입자 골격이 떠밀려 흩어지면

흙입자끼리의 맞물림이 무너져 '퀵샌드'(→ p.137)와 '액상화 현상' (→ p.217)이 발생하는 거야.

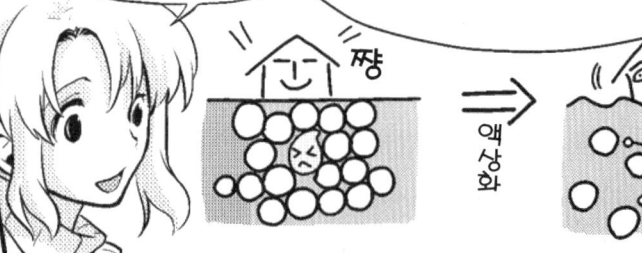

플러스의 간극수압 u는 흙입자골격을 떠밀어 흩어버리므로 흙입자 간의 유효응력 σ'은 작아지는 거군요.

흙에 전단력(→제 6장)이 작용하면 간극이 확장되는 수도 있는데,

이 때 간극수압 u는 마이너스 ($u<0$)가 되므로 유효응력 σ'이 전응력 σ보다도 커져 흙입자를 끌어당기도록 작용하는 거지.

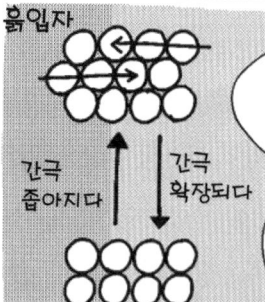

마이너스의 간극수압 $-u$도 발생하는 일이 있을까?

이를테면 팩에 든 주스를 빨아들이면 용기가 움푹 들어가는 느낌.

마이너스의 간극수압 $-u$는 흙입자끼리를 더욱 밀착시키므로, 흙입자 간에 작용하는 유효응력 σ'은 커지는 거군요.

그런데, 불포화토의 경우에는 어떻게 된 거지?

으ㅡ으… 불포화토의 경우에는 간극에 공기가 있으므로, 굉장히 복잡해….

그러므로, 테르자기가 내주는 숙제랄까… 으음 중간 테스트에는 안 나올 거라 생각해.

116

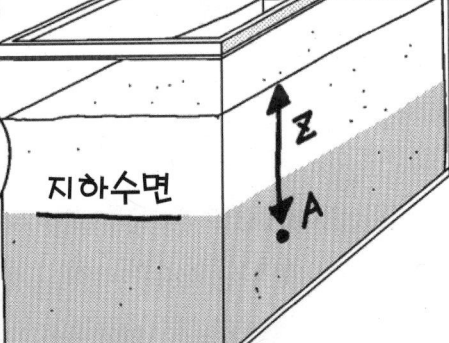

참고로 말하자면, 토피압 σ_z'의 단위에는 흔히 kPa 또는 kN/m^2가 사용돼[※2].

파스칼이란 그거겠지, 태풍인가 뭔가 하는.

으응, Pa란 압력을 나타내는 단위로 $Pa = N/m^2$ ($kPa = kN/m^2$)의 관계에 있어.

토피압 σ_z'은 자체의 무게로 인한 압력을 흙입자골격이 받아들이는 힘을 말하는 거야.

그럼, 먼저 같은 흙으로 된 깊이 z의 균질한 지반에 관해서 지하수면 아래의 점 A에 발생하는 전응력 σ_z와 간극수압 u_z와 토피압 σ_z'를 생각해 봐.

점 A의 전응력 σ_z는 그 깊이로 단위면적 당에 가해지는 자체의 무게니까.

전응력 $\sigma_z [kPa] =$
흙의 습윤단위 체적중량 $\gamma_t [kN/m^3] \times$ 깊이 $z_1 [m]$
$+$ 흙의 포화단위 체적중량 $\gamma_{sat} [kN/m^3] \times$ 깊이 $z_2 [m]$

γ_t의 흙이 깊이 z_1에서 γ_{sat}의 흙이 깊이 z_2에서 받는 압력은… 이렇다는 거구나.

맞아, 정답이야. 간극수압 u_z은?

※2 모두 SI 단위이며 $kPa = kN/m^2$이기 때문에 문제는 되지 않지만, 제4장에서는 압력의 의미가 강한 kPa를 굳이 사용한다.

($\gamma_{sat} - \gamma_w$)이란 언젠가 수업시간에 본 것 같은데….

흙의 수중단위체적중량 γ'과 포화단위체적중량 γ_{sat}, 물의 단위체적중량 γ_w과의 관계 ($\gamma' = \gamma_{sat} - \gamma_w$)이군요 ($\rightarrow$ p.59).

그렇다고 해서 과잉간극수압 Δu이 발생하지 않는 경우, 토피압 σ_z'는 지하수면 아래의 흙입자에 작용하는 '부력을 가미한 응력'으로 생각할 수 있지.

$$\text{토피압 } \sigma_z' = \gamma_t \cdot z_1 + \gamma' \cdot z_2$$

그럼, 다음은 흙을 위에 덮어서, 불균질 지반의 경우를 고려한다. 개념은 같지만, 각 층의 단위체적중량과 두께가 다른 점에 유의하면서 각각을 서로 합하는 거야.

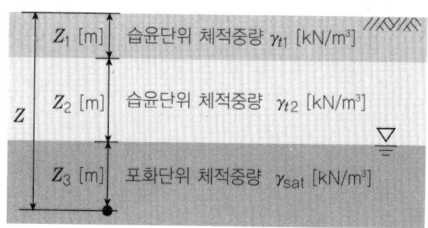

이런 경우,
전응력 $\sigma_z = \gamma_{t1} \cdot z_1 + \gamma_{t2} \cdot z_2 + \gamma_{sat} \cdot z_3$이고, 간극수압 $u_z = \gamma_w \cdot z_3$이므로

$$\text{토피압 } \sigma_z' = \gamma_{t1} \cdot z_1 + \gamma_{t2} \cdot z_2 + \gamma_{sat} \cdot z_3 - \gamma_w \cdot z_3$$
$$= \gamma_{t1} \cdot z_1 + \gamma_{t2} \cdot z_2 + (\gamma_{sat} - \gamma_w) \cdot z_3$$

다 했다!

지하수면 아래의 흙의 수중단위 체적중량을 γ'로 하면?

직접, 토피압 $\sigma_z' = \gamma_{t1} \cdot z_1 + \gamma_{t2} \cdot z_2 + \gamma' \cdot z_3$라고 생각할 수 있군요.

좋아, 두 사람 모두 정답-!

 으악!

 지금 구한 것처럼 전응력 σ_z, 간극수압 u_z, 토피압 σ_z'은 각각 깊이 z에 관한 1차식으로 나타내므로, 종축에 깊이 z, 횡축에 전응력 σ_z을 취하면 이런 그림을 그릴 수 있거든.

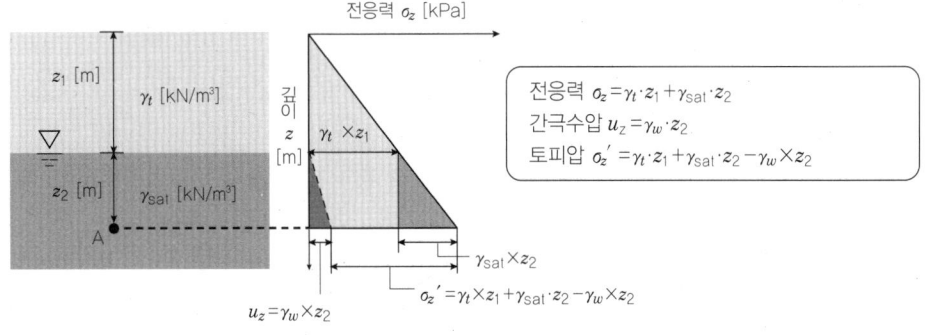

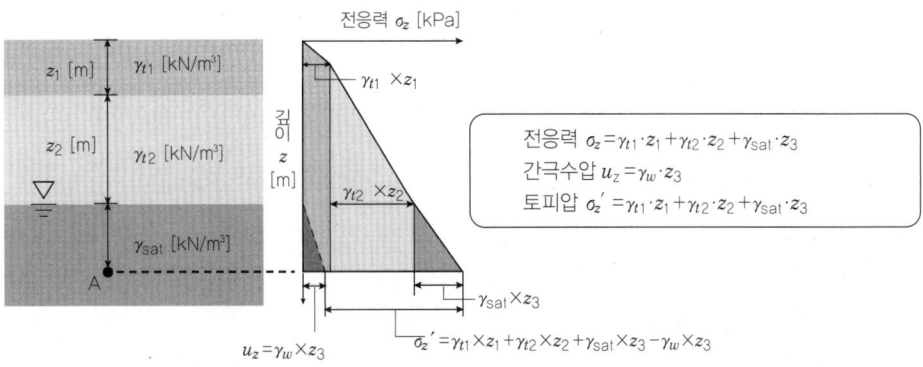

 자, 다음에는 지하수면을 변화시켜, 점 A에 발생하는 토피압 σ_z'[kPa]를 비교해 보자꾸나.

제4장 지반 내부의 힘 121

조금 전에 덮은 다른 흙을 제거하고 물을 추가하는 거야. 처음과 같은 균질 지반에 관해서 지표면과 수면이 똑같은 높이에 있는 경우부터 고려해 보자.

 점 A에서는 수중단위 체적중량 γ_{sat}의 흙이 깊이 z에서 받아들이는 전응력 σ_z을, 간극수가 간극수압 u_z으로 분담해 주기 때문에… 흙입자골격이 부담하는 토피압 $\sigma_z{'}$은, 다시 수중단위체적량 $\gamma{'}$로 치환하면 이렇다는 말이군요.

$$\text{토피압 } \sigma_z{'} = \gamma_{sat} \cdot z - \gamma_w \cdot z = \gamma{'} \cdot z$$

 응 그렇네. 거기에 물을 더해서 수면이 지표면보다도 높은 경우도 고려해 보자.

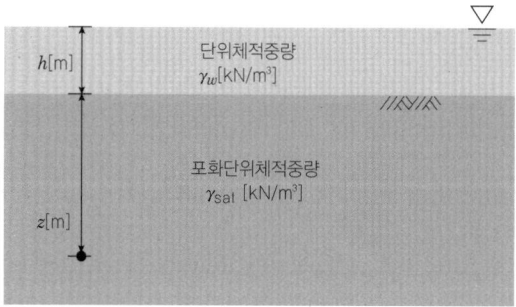

 글쎄요… 점 A에서는 먼저 단위체적중량 γ_w의 물이 깊이 h이고, 거기서부터 포화단위체적중량 γ_{sat}의 흙이 깊이 z에서 받는 전응력 σ_z을, 간극수가 수면에서부터 점 A까지의 수심 $h+z$의 간극수압 u_z으로 분담해주므로 이렇게 되네요.

$$\begin{aligned}\text{토피압 } \sigma_z{'} &= \gamma_w \cdot h + \gamma_{sat} \cdot z - \gamma_w(h+z) \\ &= \gamma_{sat} \cdot z - \gamma_w \cdot z = \gamma{'} \cdot z\end{aligned}$$

 오, 토피압 $\sigma_z{'}$이 똑같다.

정답이야. 두 가지를 그림으로 만들어 비교해 본다.

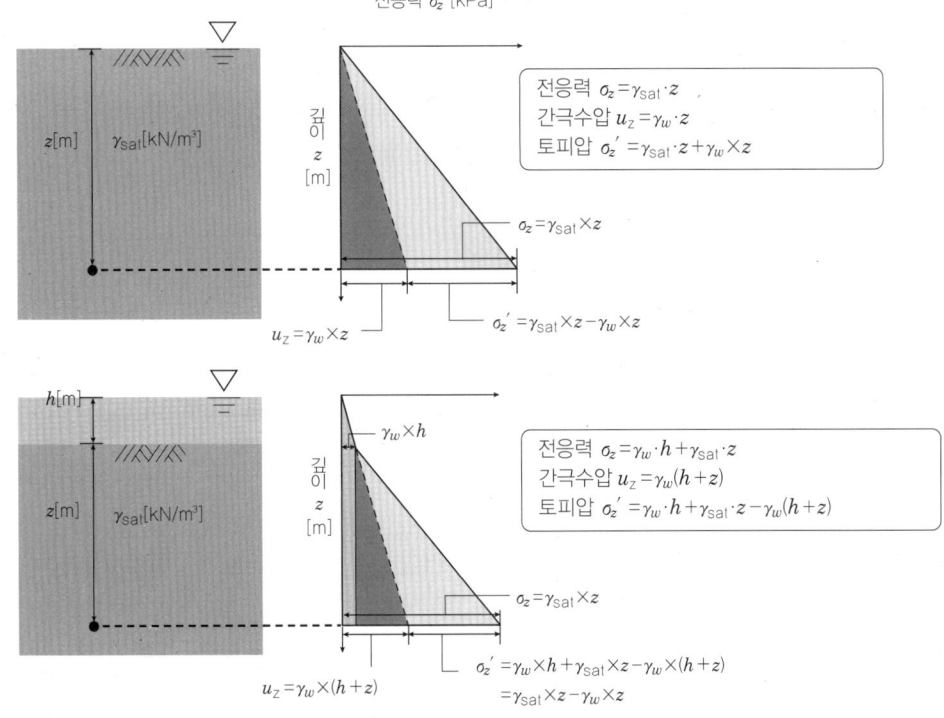

 그림으로도 알 수 있듯이, 수면이 지표면보다 높은 경우에는 지반 위에 수층이 덮이는 분량만큼, 전응력 σ_z은 커지지만, 수심이 깊어진 경우, 간극수압 u_z도 커지므로, 결과적으로 지표면 위의 수위 차는 토피압 σ_z'에 영향을 주지 않아.

 하지만, 수면이 지표면보다 낮은 경우에는, 수위가 내려갈수록 간극수압 u_z이 작아지고, 지하수면보다 위쪽의 흙에 부력이 작용하지 않게 되므로, 지하수면이 내려감과 동시에 토피압 σ_z'은 증가하는 거야.

 이로 인한 지반내 응력 변화가 지반침하의 원인이 되는 수도 있으므로, 공사 때문에 지하수를 퍼올릴 때에는 주의가 필요하구나.

 사람 살려요! 감격 수압!!

 성원씨…?

제4장 지반 내부의 힘 123

4 ③ 재하중으로 인한 지반 내 응력

※3 단위 칫수 당에 발생하는 변형량.

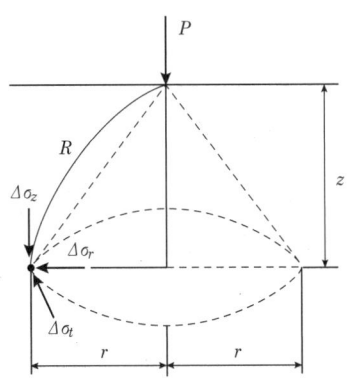

먼저, 집중하중[※4] P가 작용하는 경우로 고려해 보자. 프랑스의 수학자 부시네스크가
깊이 z에서 재하점으로부터 거리 R의 점에서 증가하는 응력을 식으로 보여주고 있어.

푸후ㅡ.

부시네스크(Boussinesq)의 응력해

연직방향의 증가응력 : $\Delta \sigma_z = \dfrac{3Pz^3}{2\pi R^5}$ ······(1)

반경방향의 증가응력 : $\Delta \sigma_r = \dfrac{P}{2\pi R^2}\left(\dfrac{3r^2 z}{R^3} - \dfrac{(1-2r)R}{R+z}\right)$ ······(2)

접선방향의 증가응력 : $\Delta \sigma_t = \dfrac{(1-2r)P}{2\pi R^2}\left(\dfrac{R}{R+z} - \dfrac{z}{R}\right)$ ······(3)

아하하…

셋 중에서 특히 중요한 것은 지반침하(→ 제5장)를 고려하는 데 필요한 연직방향의 증가응력 $\Delta \sigma_z$이야.
또 실험적으로 고려해 보자.

탁

점 A는 P_1의 재하점에서 수평거리 r로 P_2의 재하점 직하의 깊이 z에 위치해 있지만,
이 때 연직방향의 증가응력은 어떻게 될까?

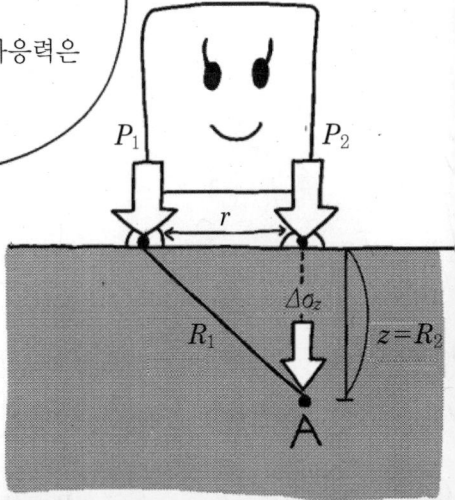

※4 한 점에 집중하여 작용하는 하중.

그럼, 다음은 지표면에 있는 어떤 직선을 따라 균등하게 분포된 선하중(線荷重) q' [kN/m]가 무한의 길이로 작용하는 경우다.[※5]

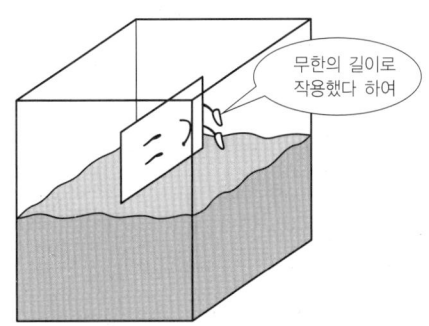

 무⋯무한?

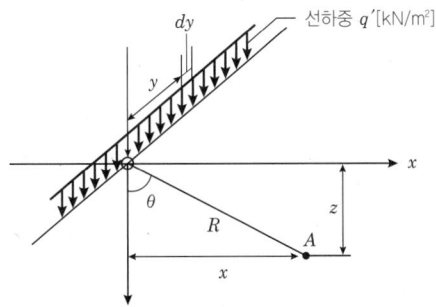

선하중으로 인한 증가응력

 선하중 q' [kN/m²]로 인해 점 A의 미소장 dy [m]에 작용하는 하중은 $q'dy$ [kN]가 되므로, 복수의 집중하중과 마찬가지로, 이것을 무한으로 더하면 되는 거야. 즉, 집중하중으로 인한 부시네스크의 응력해 (1)에 $P=q'dy$, 수평거리 $r=\sqrt{x^2+y^2}$으로 두고, 나머지는 직선을 따라 y를 $-\infty$에서 $+\infty$까지 적분하는 거야.

 ⋯ 다 했다 (선하중으로 인한 증가응력 $\Delta \sigma_z$의 식)

$$\Delta \sigma_z = \int_{-\infty}^{+\infty} \frac{3q'}{2\pi} \cdot \frac{z^3}{(x^2+y^2+z^2)^{\frac{5}{2}}} dy = \frac{2q'}{\pi} \cdot \frac{z^3}{(x^2+z^2)^2}$$

 성원이, 너 엄청 잘 한다! 계산 잘 하네!

 뭘 그런 걸 가지고, 암산이야⋯!

※5 폭이 없는 2차원적인 등분포하중.

단숨에 해치우네. 이번에는 폭이 있는 대상하중 q가 무한으로 작용한 경우를 보자.

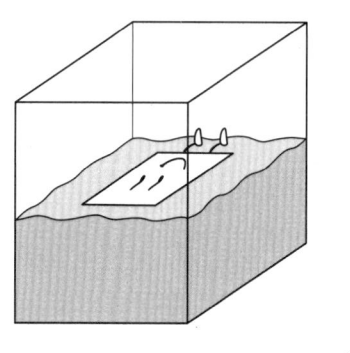
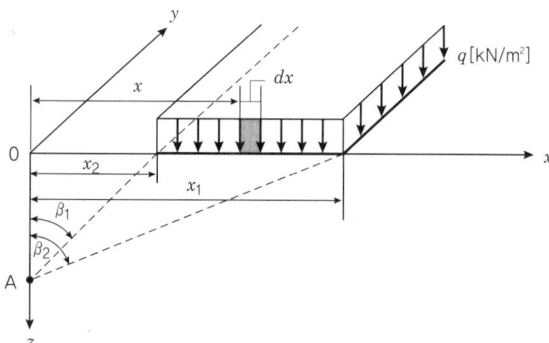

대하중으로 인한 증가응력

 개념은 선하중과 같지만, 폭이 있으므로 거기에 미소폭 dx를 x_1에서부터 x_2까지 적분하는 거야. 그러면···.

 으~. 그렇다면 이렇구나 (대상하중으로 인한 증가응력 $\Delta\sigma_z$의 식)

$$\Delta\sigma_z = \int_{x_1}^{x_2} \int_{-\infty}^{+\infty} \frac{3q'}{2\pi} \cdot \frac{z^3}{(x^2+y^2+z^2)^{\frac{5}{2}}} \, dy \, dx = \frac{q}{\pi}(\alpha + \sin\alpha \cos\theta)$$

 빠르네. 여기서, $\alpha = \beta_2 - \beta_1$ [rad], $\theta = \beta_2 + \beta_1$ [rad]을 가리키고 있는 거야.

 척척 잘 되어 가네. 폭 B, 안길이 L의 면하중 q이 작용하는 경우의, 재하면의 우각부[※6](점 O) 직하에서 깊이 z의 점 A에 발생하는 증가응력 $\Delta\sigma_z$을 고려하네.

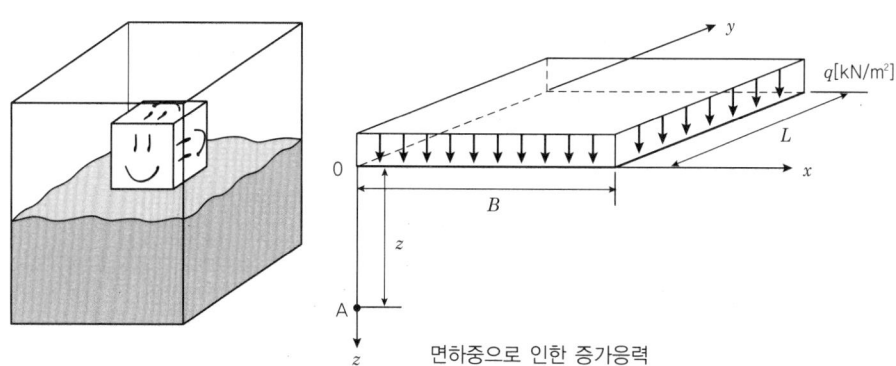

면하중으로 인한 증가응력

 조금 전과 마찬가지로 고려하면 되는 것이 아닌가? 즉, 이렇게 말이죠? (면하중으로 인한 증가응력 $\Delta\sigma_z$의 식)

$$\Delta\sigma_z = \int_0^L \int_0^B \frac{3q}{2\pi} \cdot \frac{z^3}{(x^2+y^2+z^2)^{\frac{5}{2}}} \, dx \, dy$$

※6 벽면이 구부러진 부분.

이렇게 어려운 식을 기억하는 것도, 중간 테스트로 유도하는 것도 무리다.

 그렇지. 단순하게 이것을 뉴마크(Newmark)는 $\Delta \sigma_z = I_o \cdot q$로 구할 수 있도록 한 것이지. I_o는 '영향값'이라 하는데, 폭 B와 안길이 L을 각각 깊이 z로 나눈 $m(=B/z)$, $n(=L/z)$의 함수로 다음 식으로 나타내.

$$I_o = \frac{1}{2\pi} \left(\frac{mn\sqrt{m^2+n^2+1}}{m^2+n^2+1+m^2n^2} \times \frac{m^2+n^2+2}{m^2+n^2+1} + \tan^{-1}\frac{mn}{\sqrt{m^2+n^2+1}} \right)$$

 … 내 생애에 한 줌의 후회도 없다…

 좀 침착해라, 성원아! m, n의 함수 $f_B(m, n)$인 영향값 I_o은 뉴마크의 그림을 통해 해독하는 방법도 있지.

$$\Delta \sigma_z = I_o \cdot q = f_B(m, n) \cdot q$$

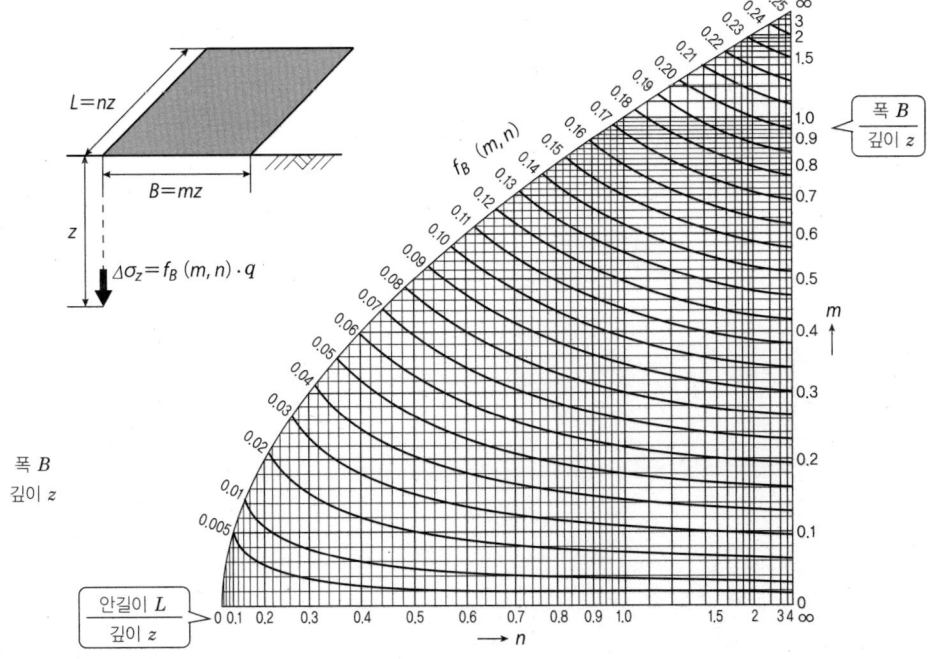

면하중으로 인한 영향값 $I_o(f_B(m, n))$ 그림 (뉴마크의 그림)

 오! 그만 해, 뉴마크.

 참고로 말하자면, 모서리 부분 이외의 점이라면 어떻게 하는 거죠?

그때는, 그 점이 모서리 부분이 되도록 직사각형을 절분하여, 각각을 더하거나 빼거나 하여 구할 수 있지 (뉴마크의 직사각형 분할법) (→ p. 145).

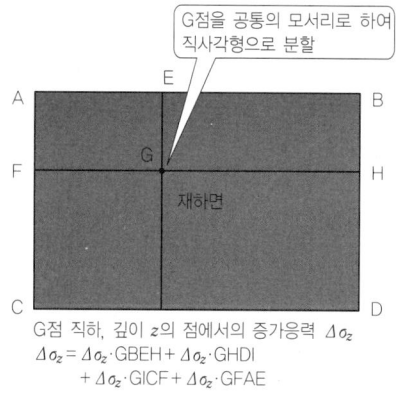
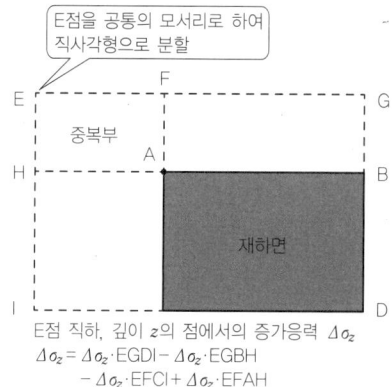

G점 직하, 깊이 z의 점에서의 증가응력 $\Delta \sigma_z$
$\Delta \sigma_z = \Delta \sigma_z \cdot \text{GBEH} + \Delta \sigma_z \cdot \text{GHDI}$
$\quad + \Delta \sigma_z \cdot \text{GICF} + \Delta \sigma_z \cdot \text{GFAE}$

E점 직하, 깊이 z의 점에서의 증가응력 $\Delta \sigma_z$
$\Delta \sigma_z = \Delta \sigma_z \cdot \text{EGDI} - \Delta \sigma_z \cdot \text{EGBH}$
$\quad - \Delta \sigma_z \cdot \text{EFCI} + \Delta \sigma_z \cdot \text{EFAH}$

 같은 면하중에서도 하중이 면 전체에서 균등하게 지반으로 전해지면 좋겠지만, 하천 제방이나 도로처럼 단면이 대형의 토목구조물에서는 어떨까?

 재하면에는 하중이 균등하게 가해지지 않아… 구조물의 단면 형상을 반영한 불균등한 재하중이 지반에 전해지나?

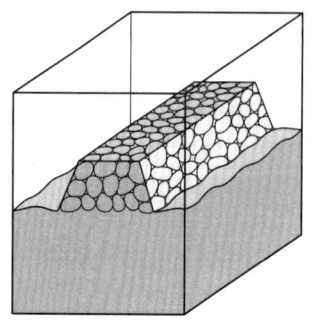
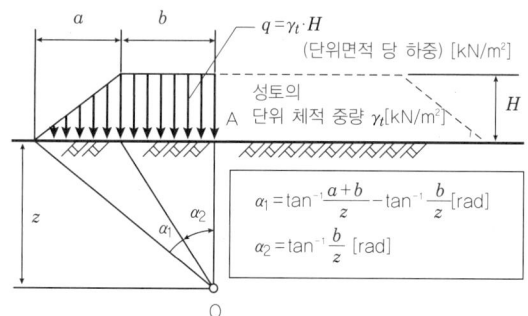

 응, 바로 그거야. 토목구조물로 인한 재하중(성토하중)은 '대형대상하중'으로 작용하는 수가 많아서, 증가응력 $\Delta \sigma_z$은 오스터버그(Osterberg)가 이 식으로 구할 수 있도록 해 준 거야 (→ p.146).
(대형대상하중으로 인한 증가응력 $\Delta \sigma_z$의 식)

$$\Delta \sigma_z = \frac{1}{\pi} \left\{ \left(\frac{a+b}{a}\right)(\alpha_1 + \alpha_2) - \frac{b}{a}\alpha_2 \right\} q$$

점 A의 직하에서 깊이 z의 점 O를 고려할 때, 먼저 점 A로부터 좌측의 성토하중으로 인한 증가응력 $\Delta\sigma$를 구하고, 다음에 우측을 구하여, 좌우를 더함으로 점 O에 발생하는 증가응력 $\Delta\sigma_z$을 알 수 있는 거야. α_1, α_2는 a, b의 길이에서 각도를 rad(라디안)으로 산출하는 거야.

 내 생애에 한 점의 후회도…

 와! 잠깐만 기다려! 오스터버그도 조금 전의 뉴마크처럼 대형하중의 영향값 $I\sigma$를 a/z, b/z에서 얻을 수 있는 k로 하여, 그림을 통해 값을 해독하면 증가응력 $\Delta\sigma_z$을 구할 수 있도록 하여 주니까! (→ p.146).

$$\Delta\sigma_z = I_\sigma \cdot q = k \cdot q$$

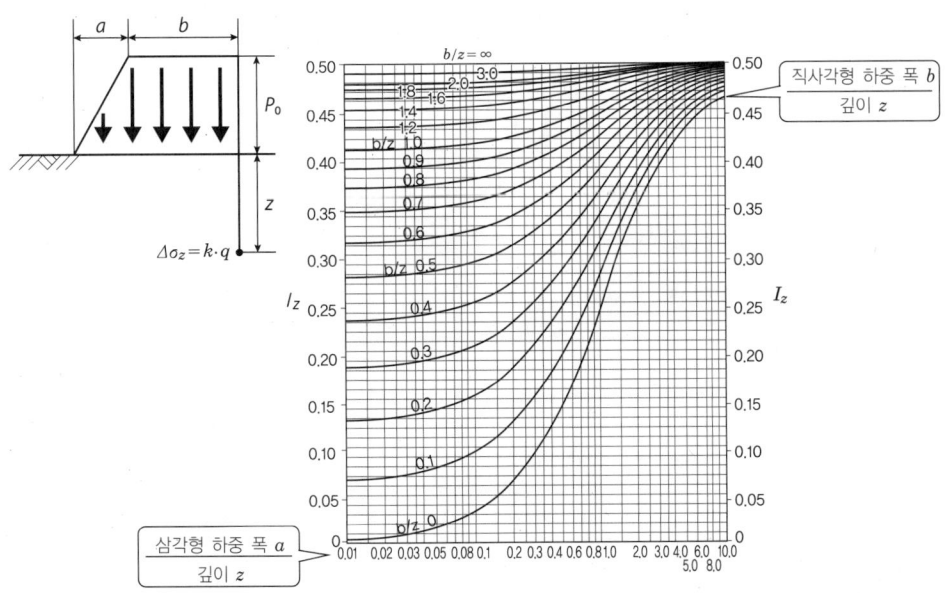

대형대상하중으로 인한 영향값 $I_\sigma(k)$의 그림(오스터버그의 그림)

 오! 오스터버그도 세련되었네.

 그러므로, 지반 내의 응력에 관해서 자체의 무게로 인한 응력과 재하중으로 인한 응력을 파악할 수가 있었나?

4④ 침투류로 인한 지반 내 응력

사실은 지반 내 응력을 고려할 때 또 한 가지 잊어서는 안 되는 것이 있어.

지하수의 이동, 즉 침투류로 인한 영향이야.

이를테면 지반의 굴삭공사로 지하수면이 변동하면 지하수는 수두차(→ p.88)로 인한 흐름을 발생시켜 지반 안을 이동하지.

지하수가 된 기분으로 만원 전차 속을 이동할 때의 상황을 상상해 봐.

전차 안이 빽빽하면 사람을 밀어 헤치며 이동하기란 괴로운 일이야.

마찬가지로 지반 내에서는 흙입자 골격이 지하수 이동을 방해하여 침투류 방향으로 수압을 받으므로, 간극수압 u가 증가하는 분량만큼 유효응력 σ'은 감소하는 거야.

유효응력 σ' = 전응력 σ - 간극수압 u

그럼 먼저 이것을 좀 봐.

한 가운데에 널말뚝을 박아 넣은 후 한쪽편의 파낸 흙을 다른 한쪽편에 쌓아 두는 거야.

먼저 시료토가 있는 단면 a-a'(단면적 A)에 작용하는 침투력을 고려해 보자. 단면 a-a'에서는 좌측의 수면으로부터 깊이 h_1, 우측의 수면으로부터 깊이 h_2로 인한 정수압이 서로 밀고 있어서, 수두차로 인해 작은 쪽으로 침투류가 발생하므로, 시료토는 지금 위쪽으로 침투력을 받는 거야.

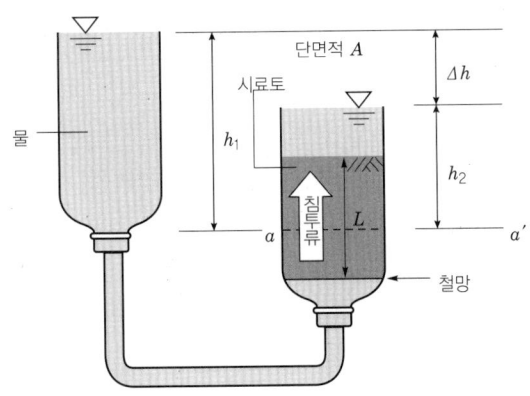

 깊이 h_1로 인한 정수압은, 물의 단위 체적 중량 γ_w[kN/m³]×깊이 h_1[m]=$\gamma_w h_1$ [kN/m³]이고, 이것이 단면적 A에 아래로부터 작용하므로…
정수압 $\gamma_w h_1$[kN/m²]×단면적 A[m²]=$\gamma_w h_1 A$[kN]이 상향으로?

 깊이 h_2로 인한 정수압은, $\gamma_w h_2 A$[kN]이 하향이란 말인가?

 글쎄. 여기서 좌우의 수위차가 $\Delta h(=h_1-h_2)$이고, 상향을 플러스로 한 경우, 침투력 F는 이런 방법으로 구할 수 있어.

침투력 $F = \gamma_w h_1 A - \gamma_w h_2 A = \gamma_w A(h_1 - h_2) = A \Delta h \gamma_w$ [kN]

 이 침투력 F는 시료토 전체에 균일하게 작용하므로, 단위면적 당 침투력 f(침투수압)은, 침투력 F을 단면적 A로 나누면 구할 수 있어.

단위면적 당 침투력 $f = F/A = \Delta h \cdot \gamma_w$ [kN/m²]

또 단위면적 당 침투력 j는, 침투력 F를 시료토의 체적(단면적 A×침투장 L)으로 나눔으로 구할 수 있는 거야.

$$단위면적\ 당\ 침투력\ j = \frac{F}{AL} = \frac{\Delta h}{L}\gamma_w\ [\text{kW/m}^3]$$

 일반적으로 '침투력'이라 하면, 단위체적 당 침투력 j를 가리키는 수가 많은데, 동일 유선상의 흙에는 어느 부분이나 동일한 침투력 j가 작용하고 있는 거야. 그럼 침투력 j의 식을 보고, 이 크기는 무엇에 영향을 받는지 고려해 봐.

 $$침투력\ j = \frac{\Delta h}{L}\gamma_w$$

이므로, 수위차 Δh가 크고, 침투장 L이 짧아질수록 침투력 j은 커지는 것인가?

 응? 이 $\Delta h/L$은 어딘가에서 들었어···, 아! 동수경사 i(→ p.91) 말이지?

 마침 잘 지적했네. 동수경사 $i = \Delta h/L$이므로, 침투력 $j = i\gamma_w[\text{kN/m}^3]$으로 치환함으로, 침투력 j는 동수경사 i에 비례한다는 것을 알겠네.

 즉 동수경사 i에 비례하여, 흙의 단위 체적중량을 밀어헤치는 상향의 침투력 j가 작용하는 거지.

 바로 그거야! 상향의 침투력 i는 '양압력(揚壓力)'이라고도 하는데, 이것이 작용하는 지반 내에서는 하향의 수중 단위체적중량 γ'과 상향의 침투력 i의 차가 단위체적 당에 작용하는 유효한 중량이 되는 거야. 식으로 나타내면 이렇게 되지.

$$단위\ 체적\ 당\ 유효한\ 중량 = \gamma' - j = \gamma' - i\gamma_w\ [\text{kN/m}^3]$$

또 이 중량에 근거하여 상향의 침투류 j를 받는 깊이 z의 유효응력 σ_z'은 다음 식으로 나타낼 수 있어.

$$\text{유효응력 } \sigma_z' = (\gamma' - j)\,z = (\gamma' - i\gamma_w)z \ [\text{kPa}]$$

이 식에서도 알 수 있듯이, 사질토 지반에서는 침투력 j가 커지는 분량만큼 유효응력 σ_z'은 작아지고, $j \geqq \gamma'$의 상태가 되면, 흙입자 골격이 서로 지탱하는 에너지가 상실되어 '분사현상(quick sand)'이 발생해.

사질토 지반이 양압력으로 인해 분사현상이 발생하면, 마치 끓어오르는 물처럼 토사가 솟아오르는 '보일링(boiling)'이 발생되는 거야. 또 지반이 약한 부분에 침투력이 집중하여, 국소적으로 보일링이 발생하는 현상을 '파이핑(piping)'이라 하지.

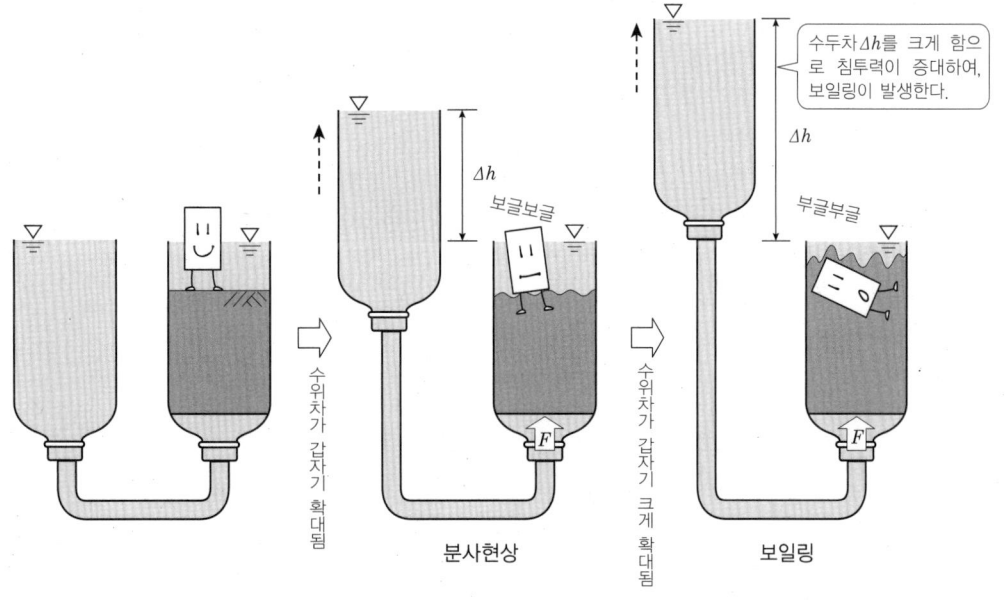

분사현상 　　　　　 보일링

이런 현상이 굴삭공사 현장에서 발생하면, 널말뚝이 넘어져 대형사고로 이어질 가능성이 있는 거야.

제4장 지반 내부의 힘　137

퀵샌드나 보일링이 발생할 것 같은 상태, 즉 침투력 j와 흙의 수중단위 체적중량 γ'가 $j=\gamma'$로 서로 균형을 이룰 때 (균형상태), 이 동수경사를 '한계동수경사 i_c'라 하는데, 다음 식으로 나타낼 수 있어.

$$\text{침투력 } j=\gamma'=i_c\gamma_w=\frac{\rho_s+\rho_w}{1+e}g=\frac{\dfrac{\rho_s}{\rho_w}-1}{1+e}\gamma_w$$

$$\text{한계동수경사 } i_c=\frac{\dfrac{\rho_s}{\rho_w}-1}{1+e}$$

 또 $j=\gamma'$일 때, 지반 내에서는 유효응력 $\sigma_z'=(\gamma'-j)z$의 관계에서 유효응력 σ_z'은 제로, 즉 흙입자 간에 응력이 발생하지 않은 상태가 되는 거야.

 이런 상태를 방지하기 위해서는 현장 상황에서 동수경사 i와 한계동수경사 i_c를 구하여, 퀵샌드와 보일링에 대한 안전율 $F_s=i_c/i\geqq 1$을 확보하는 거야 (한계동수경사법).

 즉 i가 i_c보다도 작고, 안전율 F_s가 1 이상이 되면, 퀵샌드와 보일링이 발생되지 않는다는 거야.

 그럼 조금 전의 수조를 사용하여, 퀵샌드와 보일링을 어떻게 하면 방지할 수 있을 것인지 고려해 보자.

 널말뚝 경계면에 가장 가까운 유선상에서는 침투길이 L이 가장 짧고, 동수경사 i가 최대가 되므로, 퀵샌드 같은 것이 발생하기 쉽지만, 여기에는 어떤 대책을 강구할 수 있을까?

 유효한 중량을 늘리기 위해 성토를 하거나 대규모의 침투력 j가 발생하지 않도록 배수를 하여 수위차를 작게 하면 괜찮지 않을까요?

 침투력 j를 작게 하려면 동수경사 $i(=h/L)$를 작게… 하면 침투길이 L을 길게 해도 되는 것 아닌가?

바로 그거야. 이를테면 보호 필터라는 압성토와 디프 웰(deep well), 웰 포인(well point)트 공법 같은 배수(지하수위저하)도 유효한 대책이야.

 근입심 D_f^{※7}을 크게 하여 침투류를 우회시키면, 침투길이 L이 길어지므로, 동수경사가 작아진다는 거지.

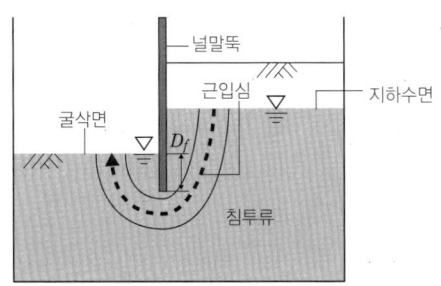
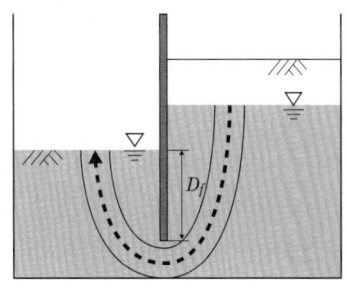

 이것을 계산으로 구하려면 안전율 F_s 식에 근거하여, 안전율 $F_s \geqq 1$을 성립시키는 근입심 D_f를 확보하면 되는 거야 (→ p.147).

$$\text{안전율}\ F_s = \frac{i_c}{i} = \frac{\dfrac{\gamma'}{\gamma_w}}{\dfrac{\Delta h}{\Delta h + 2D_f}} = \frac{\gamma'(\Delta h + 2D_f)}{\gamma_w \Delta h} \geqq 1\ \text{(한계동수경사법)}$$

 이 식을 D_f에 대해 풀면, 퀵샌드와 보일링이 발생되지 않는 널말뚝의 근입심 D_f를 이해할 수 있게 돼!

 퀵샌드와 보일링 안전율 F_s에 관해서는 침투력 j가 크게 작용하는 범위를 높이 D_f, 폭 $D_f/2$의 각기둥 모양으로 가정한 테르자기(Terzaghi) 방법도 있지.

※7 널말뚝이 땅속을 벌여놓는 깊이.

Follow-up

■ 자체의 무게로 인한 지반 내 응력 계산

[예제 1]
그림과 같은 불압대수층에서, 지표면으로부터 깊이 3m에 있는 지하수면을 깊이 6m까지 낮추었을 때, 깊이 $z=7m$의 점 A에 발생하는 토피압 $\sigma_z{'}$는 어떻게 변하는가? 물의 단위체적중량 $\gamma_w=9.8kN/m^3$로 한다.

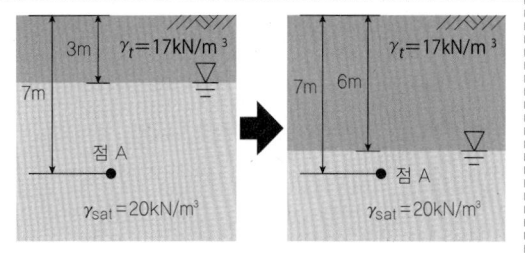

(개념)
점 A에 발생하는 전응력 σ_z는, 점 A에 덮이는 각층의 단위체적중량과 깊이의 곱셈을 합산하여 구할 수 있으며, 간극수압 u_z은 예제의 경우, 물의 단위체적중량과 수심의 곱셈으로 얻을 수 있는 정수압과 똑같아집니다. 위의 식으로 구한 전응력 σ_z과 간극수압 u_z의 차에서 토피압 $\sigma_z{'}$를 산출하여, 지하수면이 낮아지기 전후에 지반 내 응력을 비교해 봅시다. 여기서 z_1 : 지표면에서부터 지하수면까지의 깊이, z_2 : 지하수면에서부터 점 A까지의 깊이로 합니다.

[해답]
지하수면이 지표면으로부터 3m일 때 (지하수면을 낮추기 전)
전응력 σ_z :
$$\sigma_z = \gamma_t \times z_1 + \gamma_{sat} \times z_2 = 17 \times 3 + 20 \times 4 = 131 kPa(kN/m^2)$$
간극수압 u_z :
$$u_z = \gamma_w \times z_2 = 9.8 \times 4 = 39.2 kPa(kN/m^2)$$
토피압 $\sigma_z{'}$:
$$\sigma_z{'} = \sigma_z - u_z = 131 - 39.2 = 91.8 kPa(kN/m^2)$$

지하수면이 지표면으로부터 6m일 때 (지하수면을 낮춘 후)
전응력 σ_z :
$$\sigma_z = \gamma_t \times z_1 + \gamma_{sat} \times z_2 = 17 \times 6 + 20 \times 1 = 122 kPa(kN/m^2)$$
간극수압 u_z :
$$u_z = \gamma_w \times z_2 = 9.8 \times 1 = 9.8 kPa(kN/m^2)$$
토피압 $\sigma_z{'}$:
$$\sigma_z{'} = \sigma_z - u_z = 122 - 9.8 = 112.2 kPa(kN/m^2)$$

토피압 $\sigma_z{'}$은 지하수면의 저하로 인해 점 A에 덮이는 흙의 부력이 상실된 분량만큼 증가하는 경향이 있으며, 이 결과는 지하수를 퍼올림으로써 지반침하가 발생할 수 있다는 점을 시사하고 있다.

■ 재하중으로 인한 지반 내의 증가응력 계산 (집중하중의 경우)

[예제 2]
어떤 지반의 평면상에 그림과 같은 집중하중 $P=300\mathrm{kN}$이 작용했을 때, 다음의 점에 발생하는 증가응력 $\Delta\sigma_z$을 구하라.
① 재하점 직하의 깊이 $z=7\mathrm{m}$의 점 A에 발생하는 연직방향의 증가응력 $\Delta\sigma_{zA}$
② 재하점으로부터 수평으로 $r=5\mathrm{m}$ 떨어진 깊이 $z=7\mathrm{m}$의 점 B에 발생하는 연직방향의 증가응력 $\Delta\sigma_{zB}$
③ 재하점 직하의 깊이 $z=12\mathrm{m}$의 점 C에 발생하는 연직방향의 증가응력 $\Delta\sigma_{zC}$

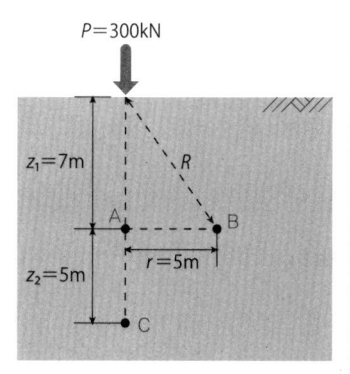

(개념)
① 브시네스크(Boussinesq)의 응력해로 연직방향의 증가응력 $\Delta\sigma_z$의 식 (1) (→ p.125)을 이용하여, 재하점에서부터의 거리 $R=\sqrt{r^2+z^2}$(피타고라스의 정리)을 적용하여 구합니다. 여기서 재하점 직하의 경우에는 재하점에서부터의 수평거리 $r=0\mathrm{m}$로 하여 계산합니다.
② ①과 마찬가지로 식(1)을 이용하여, 재하점에서부터의 수평거리 $r=5\mathrm{m}$로 하여 계산합니다.
③ ①과 마찬가지로 식(1)을 이용하여, 재하점에서부터의 수평거리 $r=0\mathrm{m}$, 깊이 $z=z_1+z_2=12\mathrm{m}$로 하여 계산합니다.

[해답]
① 식 (1)에서
$$\Delta\sigma_{zA}=\frac{3Pz^3}{2\pi R^5}=\frac{3Pz^3}{2\pi(\sqrt{r^2+z^2})^5}=\frac{3\times300\times7^3}{2\pi(\sqrt{0^2+7^2})^5}=\frac{308700}{2\pi\times16807}=3.98\mathrm{kPa}(\mathrm{kN/m^2})$$
② 마찬가지로
$$\Delta\sigma_{zB}=\frac{3Pz^3}{2\pi(\sqrt{r^2+z^2})^5}=\frac{3\times300\times7^3}{2\pi(\sqrt{5^2+7^2})^5}=1.06\mathrm{kPa}(\mathrm{kN/m^2})$$
③ 마찬가지로
$$\Delta\sigma_{zC}=\frac{3Pz^3}{2\pi(\sqrt{r^2+z^2})^5}=\frac{3\times300\times12^3}{2\pi(\sqrt{0^2+12^2})^5}=0.99\mathrm{kPa}(\mathrm{kN/m^2})$$
이 된다.

①, ②, ③의 비교를 통해 집중하중 P로 인해 지반 내에 발생하는 증가응력 $\Delta\sigma_z$은 재하점으로부터의 거리 R의 증가와 더불어 감소한다는 점을 알 수 있다.

■ 재하중으로 인한 지반 내의 증가응력 계산 (면하중의 경우)

[예제 3]
어떤 지반의 평면상에 그림과 같은 면하중(직사각형 하중) $q=100kN/m^2$가 작용했을 때, 점 a 직하의 깊이 $z=5m$의 점 A에 발생하는 연직방향의 증가응력 $\Delta\sigma_z$을 구하라.

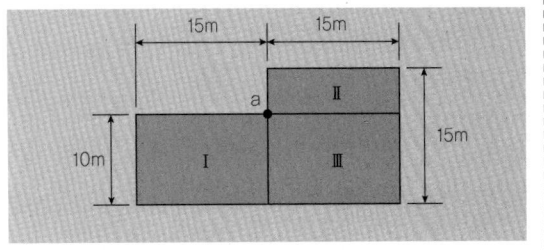

(개념)
면하중 q의 모서리 직하에 발생하는 연직방향의 증가응력 $\Delta\sigma_z$는 뉴마크 식 또는 그림 (→ p.129)을 이용하여 영향값 I_o을 파악하고, $\Delta\sigma_z = I_o \cdot q$에 대입하여 구합니다. 예제처럼 모서리 이외의 점을 고려하는 경우에는, 대상점이 모서리가 되도록 직사각형을 분할하여 (직사각형분할법), 중합의 원리를 적용하여 계산합니다. 여기서 B : 직사각형의 장변(長邊), L : 직사각형의 단변으로 합니다.

[해답]
직사각형 Ⅰ, Ⅱ는 모두 $m=B/z=15/5=3$, $n=L/z=10/5=2$이므로, 영향값 I_o은, 식으로부터

$$I_o = \frac{1}{2\pi}\left(\frac{mn\sqrt{m^2+n^2+1}}{m^2+n^2+1+m^2n^2} \times \frac{m^2+n^2+2}{m^2+n^2+1} + \tan^{-1}\frac{mn}{\sqrt{m^2+n^2+1}}\right)$$

$$= \frac{1}{2\pi}\left(\frac{3\times 2\sqrt{3^2+2^2+1}}{3^2+2^2+1+3^2\times 2^2} \times \frac{3^2+2^2+2}{3^2+2^2+1} + \tan^{-1}\frac{3\times 2}{\sqrt{3^2+2^2+1}}\right) = \frac{1}{2\pi}(0.4811+1.0132)$$

또 그림에서 영향값 I_o을 해독하면 (→p.129)
$I_o = 0.238$

그러므로, 직사각형 Ⅰ, Ⅱ ($q=100kn/m^2$)의 모서리 직하의 점 A에 발생하는 증가응력 $\Delta\sigma_z$는 식으로(산출한 영향값 I_o을 이용한 경우)

$$\Delta\sigma_{zⅠ} = \Delta\sigma_{zⅡ} = I_o \cdot q = \frac{100}{2\pi}(0.4811+1.0132) = 23.782 kPa(kN/m^2)$$

이 된다.
직사각형 Ⅲ ($q=100kn/m^2$)는 $m=15/5=3$, $n=5/5=1$, $q=100kN/m$이므로, 마찬가지로

$$\Delta\sigma_{zⅢ} = I_o \cdot q = \frac{100}{2\pi}(0.5427+0.7353) = 20.340 kPa(kN/m^2)$$

이 된다.
따라서, 직사각형 Ⅰ, Ⅱ, Ⅲ로 인해 점 A에 발생하는 연직방향의 증가응력 $\Delta\sigma_z$은, 중합원리에 의해

$$\Delta\sigma_z = \Delta\sigma_{zⅠ} + \Delta\sigma_{zⅡ} + \Delta\sigma_{zⅢ} = 23.782+23.782+20.340 = 67.9 kPa(kN/m^2)$$

이 된다.

■ 재하중으로 인한 지반 내의 증가응력 계산(대형대상하중의 경우)

[예제 4]
  어떤 지반의 평면상에 그림과 같은 토목구조물(γ_t = 19kN/m³)로 인해 대형대상하중이 작용할 때, 지표면으로부터 깊이 z=10m의 점 A에 발생하는 연직방향의 증가응력 $\Delta\sigma_z$을 구하라.

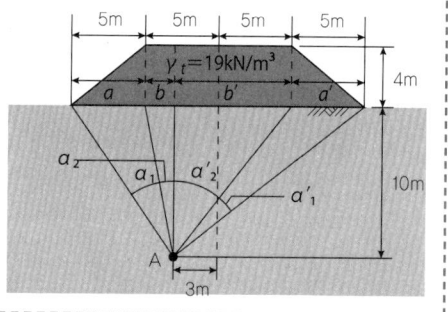

(개념)
점 A에서 좌측과 우측으로 분할하여, 오스터버그(Osterberg)의 식(→ p.131)을 이용하여, α_1, α_2, α'_1, α'_2를 라디안(radian) 단위로 계산합니다. 영향값은 좌측을 K_1, 우측을 K_2로 하여 각각 구하고, 점 A로부터 좌측 부분의 K_{1q}와 우측 부분 K_{2q}를 서로 합산하여 $\Delta\sigma_z$을 구합니다.

[해답]
점 A의 좌측부분에 관해서, a=5m, b=2m, z=10m으로

$$\alpha_1 = \tan^{-1}\frac{a+b}{z} - \tan^{-1}\frac{b}{z} = \tan^{-1}\frac{2}{10} = 0.413\text{rad}$$

$$\alpha_2 = \tan^{-1}\frac{b}{z} = \tan^{-1}\frac{2}{10} = 0.197\text{rad}$$

이들을 근거로, K_1을 구하면

$$K_1 = \frac{1}{\pi}\left\{\left(\frac{a+b}{a}\right)(\alpha_1+\alpha_2) - \frac{b}{a}\alpha_2\right\} = \frac{1}{\pi}\left\{\left(\frac{5+2}{5}\right)(0.413+0.197) - \frac{2}{5}0.197\right\} = 0.247$$

이 된다.
점 A의 우측부분에 관해서도 마찬가지로, a'=5m, b'=8m, z=10m으로

$$\alpha_1 = \tan^{-1}\frac{a'+b'}{z} - \tan^{-1}\frac{b'}{z} - \tan^{-1}\frac{5+8}{10} - \tan^{-1}\frac{8}{10} = 0.240\text{rad}$$

$$\alpha_2 = \tan^{-1}\frac{b'}{z} = \tan^{-1}\frac{8}{10} = 0.675\text{rad}$$

이들을 근거로 K_2를 구하면

$$K_2 = \frac{1}{\pi}\left\{\left(\frac{a'+b'}{a'}\right)(\alpha'_1+\alpha'_2) - \frac{b'}{a'}\alpha'_2\right\} = \frac{1}{\pi}\left\{\left(\frac{5+8}{5}\right)(0.240+0.675) - \frac{8}{5}0.675\right\} = 0.413$$

이 된다.
단위 면적당 하중 $q=\gamma_t H=19\times 4=76\text{kN/m}^2$이 되므로, q가 작용하여 점 A에 발생하는 연직방향의 증가응력 $\Delta\sigma_z$은

$$\Delta\sigma_z = K_1 q + K_2 q = 0.247\times 76 + 0.413\times 76 = 50.14\text{kPa}(\text{kN/m}^2)$$

이 된다.

■ 침투류로 인한 지반 내 응력 계산 (면하중의 경우)

[예제 5]
그림과 같은 지하수의 사질토 지반을 굴삭했다. 이 때, 퀵샌드의 발생 여부를 판정하라. 또 퀵샌드가 발생할 경우, 이를 방지하기 위해서는, 널말뚝의 근입심 D_f을 얼마로 하면 좋을까? $\rho_w = 1.0 \text{g/cm}^3$로 한다.

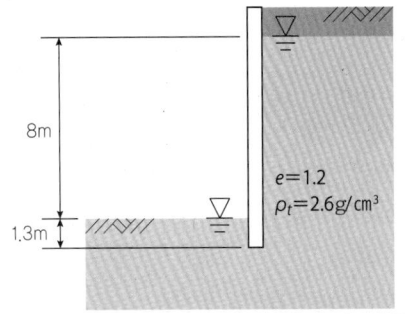

(개념)
식(→ p.141)을 이용하여 퀵샌드의 안전율 $F_s = i_c/i \geq 1$의 관계(한계동수경사법)에서 퀵샌드 발생을 판정하여, $i_c/i < 1$이 되어 퀵샌드가 발생할 경우에는 도수경사 한 i가 한계도수경사 i_c를 웃돌지 않는 상태, 즉 $i_c/i \geq 1$을 만족시키는 근입심 D_f를 산정합니다. 여기서, h : 널말뚝의 내측과 외측의 수위차로 합니다.

[해답]
〈퀵샌드의 판정〉

안전율 $F_s = \dfrac{i_c}{i} = \dfrac{\left(\dfrac{\rho_s}{\rho_w} - 1\right)(h + 2D_f)}{(1+e)h} = \dfrac{\left(\dfrac{2.6}{1.0} - 1\right) \times (8 + 2 \times 1.3)}{(1 + 1.2) \times 8} = 0.964 < 1$

그러므로, 퀵샌드가 발생한다.

〈근입심 D_f의 산정〉

$\dfrac{\left(\dfrac{p_s}{p_w} - 1\right)(h + 2D_f)}{(1+e)h} \geq 1$

$D_f \geq \dfrac{1}{2} \times \left\{ \dfrac{(1+e)h}{\dfrac{\rho_s}{\rho_w} - 1} - h \right\} = \dfrac{1}{2} \times \left\{ \dfrac{(1+1.2) \times 8}{\dfrac{2.6}{1.0} - 1} \right\} = 1.5 \text{(m)}$

따라서, 근입심을 1.5m 이상으로 하면 퀵샌드 발생을 방지할 수 있다.

제5장 흙의 압밀?

5.1 흙의 압밀이란?

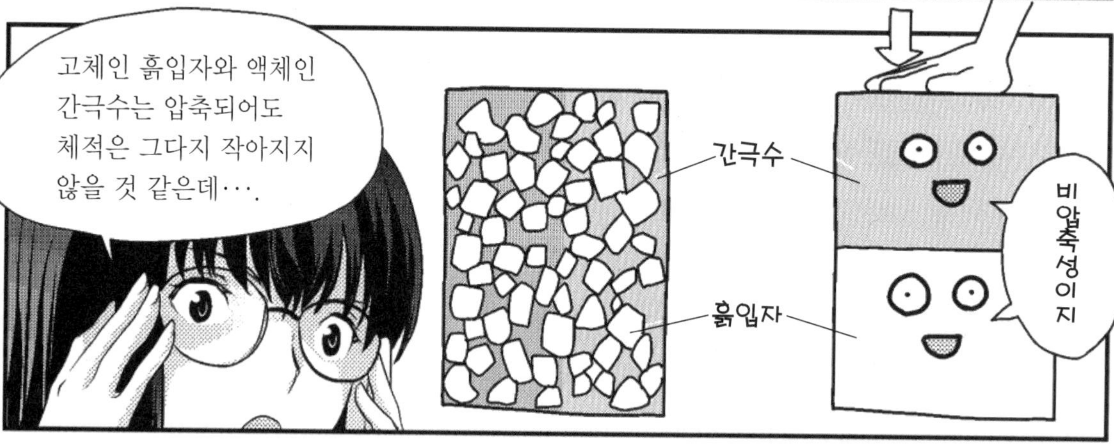

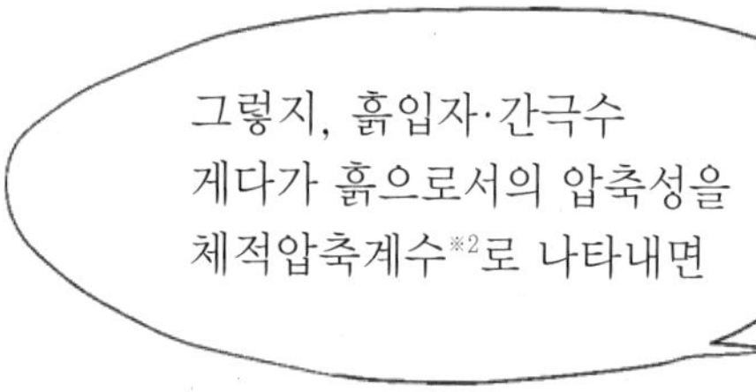

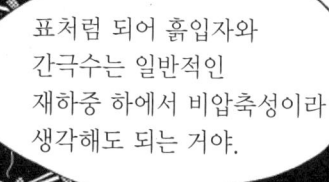

	체적압축계수	값 [m²/kN]
토립자	m_{vs}	10^{-8}
간극수	m_{vw}	5×10^{-7}
흙(흙입자 골격)	m_v	$10^{-3} \sim 10^{-5}$

※2 증가압력 (ΔP) 당 체적 변형 (ΔV_v).

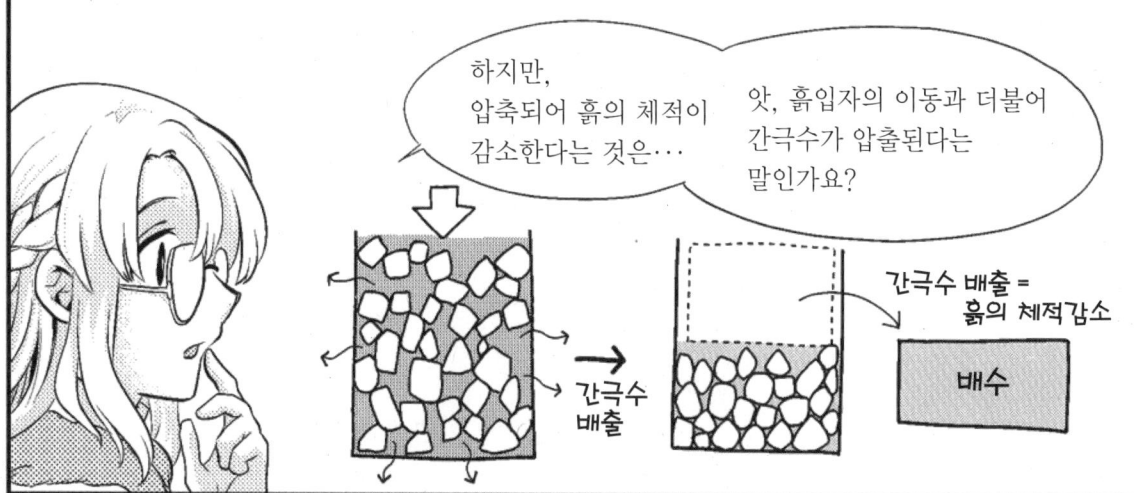

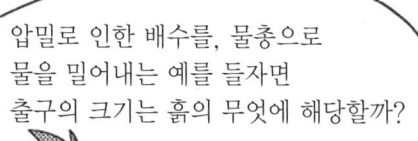

5-② 압밀의 진행

재하중으로 인해 스프링에 가해지는 응력을 유효응력증분 $\Delta\sigma'$으로 한다.

스펀지 마개

간극수

재하중으로 인해 간극수에 발생하는 응력을 과잉간극수압 Δu로 한다.

그런데, 배수공에 스펀지 마개로 투수성이 낮은 점성토로 판단하여 압밀이 진행되는 과정을 생각해 보자.

덜커덩

맨 먼저, 재하중을 가한 순간 스프링에 발생하는 유효응력 증분 $\Delta\sigma'$은 어떻게 될까?

투수성이 낮으니까 즉시 배수되지 않는다. 결국은 피스톤도 내려가지 않으므로 스프링은 압축되지 않고 응력이 발생하지 않는다?

그래 맞아,

쫘당

$t=0$

수압계가 상승한다.

재하 직후에 피스톤은 내려가지 않는다.

Δu

Δu

 증가응력 $P(\Delta\sigma)$로 6cm 압축되는 스프링이 3cm 압축되었으니까…. 스프링에는 유효응력증분 $\Delta\sigma' = \Delta\sigma/2$가 발생한 거군요?

 맞아 맞아.

 그렇다면

전응력증분 $\Delta\sigma$ = 유효응력증분 $\Delta\sigma'$ + 과잉간극수압 Δu는

$$\Delta\sigma = \frac{\Delta\sigma}{2} + \Delta u$$

이 되어, 실린더 내부의 물에는 $\Delta\sigma/2$의 과잉간극수압 Δu이 발생했네요!

 정확한 답이다. 이 모형에서는 단면적 $A = 1\text{m}^2$이므로 $\Delta\sigma = P/A = P$가 되어, 과잉간극수압 $\Delta u = P/2$로도 나타낼 수 있지. 압밀 도중의 침하량과 지반 내 응력의 변화를 이미지할 수 있었던가?

 마지막으로, 압밀 종료시($t = \infty$)의 경우를 생각해 보자.

하중과 스프링 강도가 균형을 이루는 지점(이런 경우, 6cm 압축)까지 피스톤이 압축되면, 하중 전체를 스프링이 지탱하며…, 과잉간극수압 Δu이 완전히 소산되어 제로로 되돌아가면 배수도 멈추는 것이 아닌가요?

 이젠, 제법 잘 한다. 그럼, 압밀과정에서의 전응력증분 $\Delta \sigma$, 과잉간극수압 Δu, 유효응력증분 $\Delta \sigma'$의 시간 변화를 그림으로 정리해 볼까?
먼저 $t=0$에서부터 $t=\infty$에 걸쳐 전응력증분 $\Delta \sigma = P$에서 일정하게 되는 것은 괜찮을까?

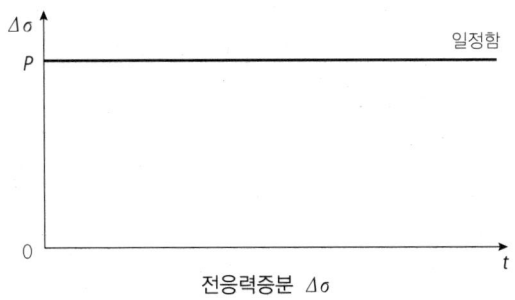
전응력증분 $\Delta \sigma$

 간극수압 Δu은 어떻게 될까?

 $t=0$에서는 증가응력 P(전응력증분 $\Delta \sigma$)과 동일한 크기의 과잉간극수압 Δu이 발생하지만, 시간이 경과함과 동시에 배수하면서 서서히 소산하여, $t=\infty$에서 $\Delta u=0$이 됩니다.

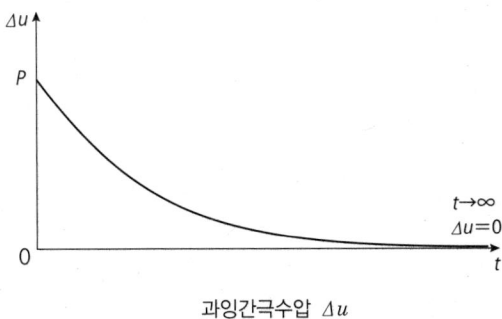
과잉간극수압 Δu

제5장 흙의 압밀? 161

유효응력증분 $\Delta\sigma'$은 과잉간극수압 Δu의 소산과 맞교환으로 증가하여, $\Delta\sigma' = \Delta\sigma - \Delta u$가 성립되므로, 과잉간극수압 Δu의 변화와 대칭이 되는 거야.

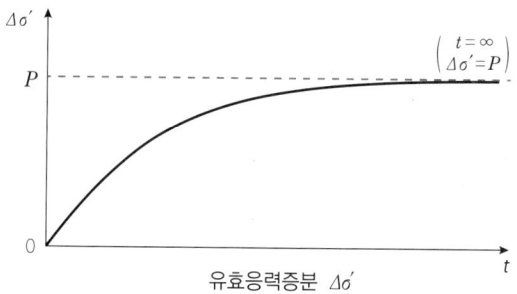

유효응력증분 $\Delta\sigma'$

 마지막으로, 압축변형 ε[※3]은 어떻게 될까?

 모형 스프링처럼, 유효응력증분 $\Delta\sigma'$가 커짐으로 인해 압축변형 ε이 발생하므로, 유효응력증분 $\Delta\sigma'$과 동일한 형태가 될 것 같은데요.

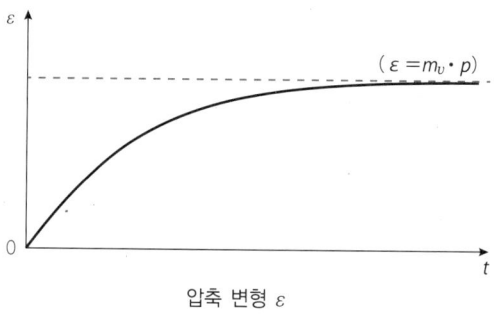

압축 변형 ε

 그렇지. 압밀과정을 따라 응력의 시간 변화를 정리하면, 이렇게 되는 거야.

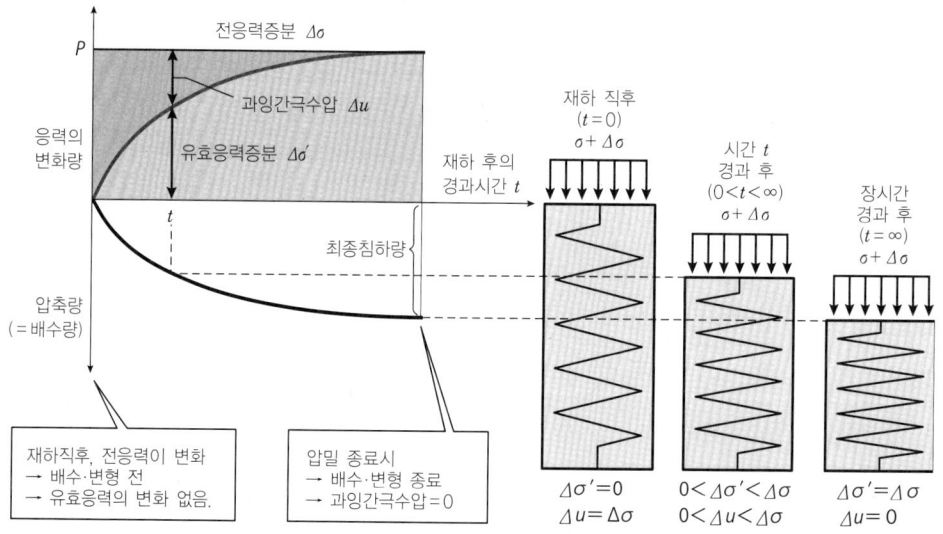

※3 압축력에 의해 원래의 길이 또는 체적에 대해 발생한 변형 비(比) (여기서는 체적 변형을 말함).

5-③ 압밀의 방정식

 그럼, 모형에서 본 현상을 근거로 하여 포화된 점토층에 발생하는 전응력 σ, 유효응력 σ', 간극수압 u, 과잉간극수압 Δu의 변화로 설명해 보겠다.

 압밀 개시 전에는 간극수압 u이 정수압으로, 재하 직후($t=0$)는 배수되지 않고, 전응력증분 $\Delta\sigma$을 과잉간극수압 Δu이 지탱하고, Δu로 인한 배수와 압밀이 진행됩니다.

 그리고 나서… 배수로 인한 과잉간극수압 Δu의 소산과 더불어 유효응력증분 $\Delta\sigma'$이 발생하고, 전응력증분 $\Delta\sigma$이 모두 유효응력증분 $\Delta\sigma'$로 인해 지탱되면 Δu가 제로, 즉 간극수압 u이 정수압으로 되돌아가 배수와 압밀이 종료됩니다.

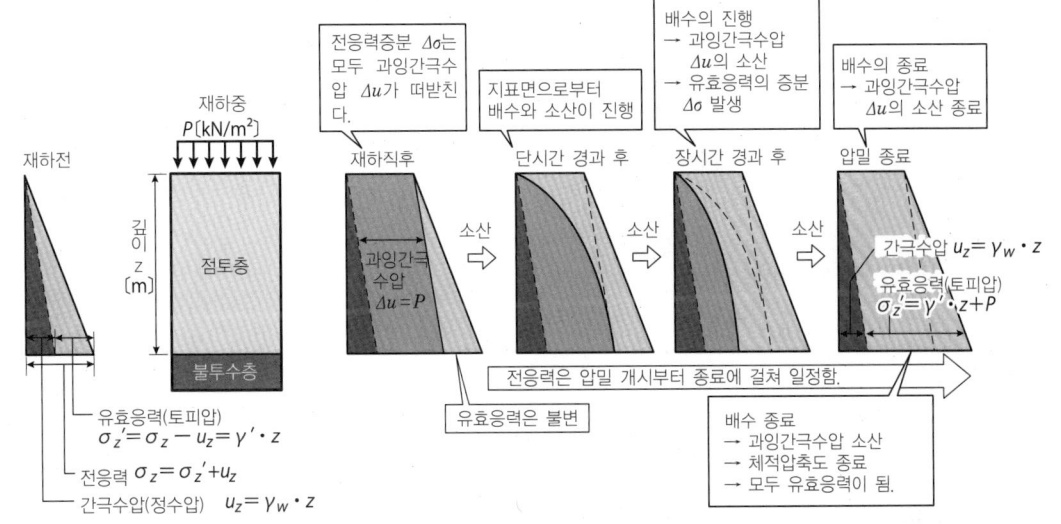

연직방향으로 한정되는 1차원 압밀?

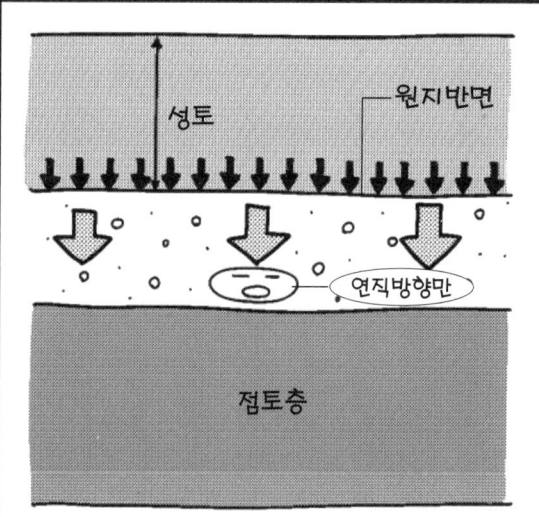

이를테면 재하중이 광범위한 경우에는 측방으로의 변형이 연직방향의 압력에 구속되기 때문에 그다지 발생하지 않는 거야.

그러므로 자연스럽게 퇴적한 점토층과 광범위한 매립으로 인한 압밀에서는 수평방향의 변형을 무시할 수 있을 정도로 작아 연직방향만을 고려하면 되는 거야.

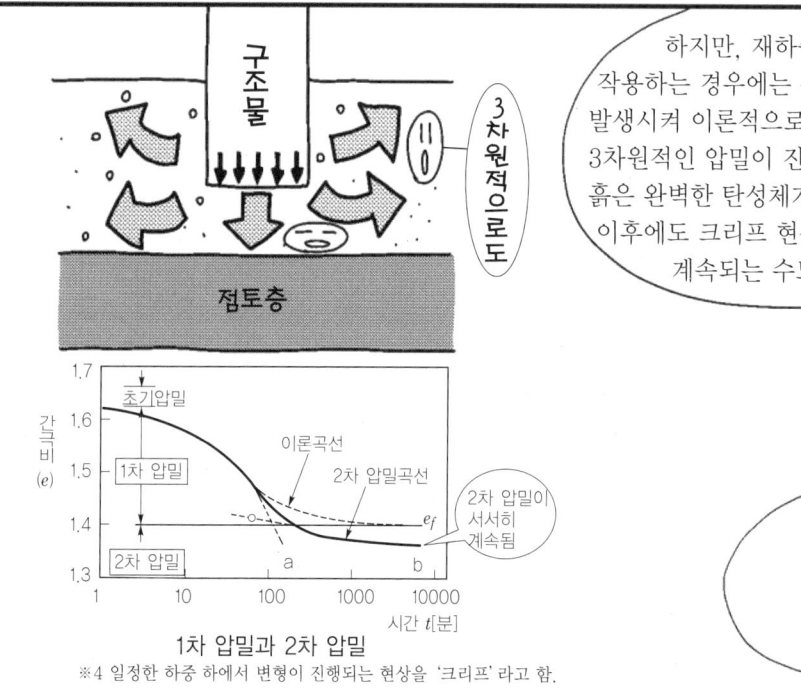

하지만, 재하중이 좁은 범위에 작용하는 경우에는 수평방향으로도 변형을 발생시켜 이론적으로 설명할 수 없는 3차원적인 압밀이 진행되는 수도 있지. 게다가 흙은 완벽한 탄성체가 아니므로 이론 압밀 종료 이후에도 크리프 현상[4] 등으로 인해 압밀이 계속되는 수도 있지.

이것도 테르자기가 낸 숙제인가…?

1차 압밀과 2차 압밀

※4 일정한 하중 하에서 변형이 진행되는 현상을 '크리프'라고 함.

이 식에서 중요한 점은 재하중으로 발생한 과잉간극수압 Δu의 소산이, 시간 t와 깊이 z의 함수로 나타난다는 사실이다. 테르자기(Terzaghi)는 이 해답을 구하는 데, 지반 내의 어떤 점에서의 압밀의 시간적 진행을 계산할 수 있도록 한 것이지.

 각 점의 압밀을 합한 것이 지표면의 침하가 되어 나타나는 거군요.

 그리고, 우변의 C_v는 압밀의 진행속도를 지배하는 '압밀계수'(일반적으로 cm^2/d)라고 하는 값이며, 투수계수 k가 클수록 그리고 체적압축계수 m_v가 작을수록 커진다는 점을 식을 통해 이해할 수 있지.

 투수성이 높으면 과잉간극수압 Δu는 즉시 소산되고, 압축성이 작으면 압밀은 빨리 종료되므로, 압밀계수 C_v와 마찬가지로 과잉간극수압 Δu의 시간적 변화(좌변)는 흙의 투수성(투수계수 k)에 비례하며, 압축성에 반비례한다는 점이군요.

 그런데, 이 체적압축계수 m_v는 어떻게 구하는 건가요?

 압밀방정식을 풀기 위해 필요한 각 값은, 실내에서의 단계재하로 인한 '압밀시험(→p.177)'으로 구하는 거야.

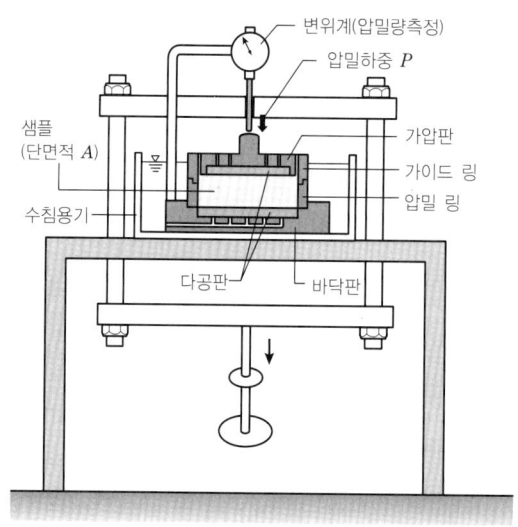

압밀시험기의 개요

압밀시험에서 단계적으로 재하중을 추가해 가면 압밀압력 p에 상응하게 간극비 e가 감소하고, 이런 관계를 보통눈금과 편대수 눈금으로 그리면 이처럼 되는 거야.

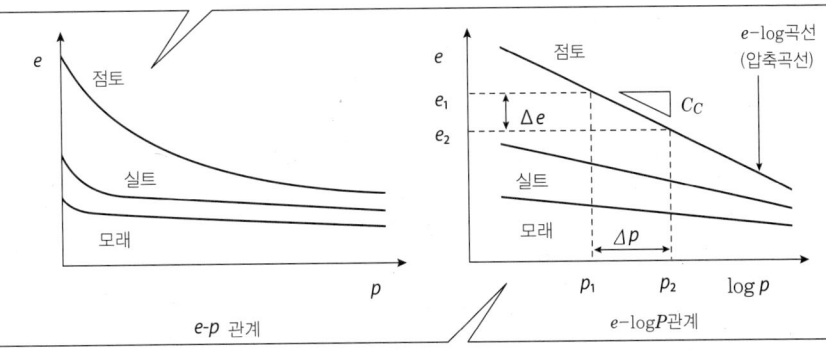

세립토일수록 초기의 간극비 e가 크기 때문에, 동일한 압밀압력의 증가량 Δp에 대한 간극비의 감소량 Δe는 세립토일수록 크고, 압축성이 크다는 점을 알 수 있다.

e-p 관계에서는 압밀압력의 증가량 Δp에 대한 간극비의 감소량 Δe가 초기 단계에서 크게, e-$\log p$ 관계에서는 압밀압력 p이 작은 단계를 제외하고 거의 직선적으로 변한다.

 압밀압력의 증가량 Δp와 간극비의 감소량 Δe의 관계는 흙의 종류에 따라 다르므로, 압밀의 시간적 진행을 예측하려면 다음의 두 가지 값으로 흙의 압축성을 나타내는 거야.

① 압밀압력의 증가량 Δp에 대한 간극비의 감소량 Δe → 압축지수 C_c
② 압밀압력의 증가량 Δp에 대한 체적 변형 ε_v → 체적압축계수 m_v

 C_c는 Δp에 대한 Δe이므로, 압밀시험으로 인한 곡선의 기울기인가요?

 과연 그렇네. 그래프에서의 절곡점을 넘어간 직선부분의 경사를 각각 압축계수 $a_v[\text{m}^2/\text{kN}]$, 압축지수 $C_c[\text{m}^2/\text{kN}]$라고 하며, 다음 식으로 나타낼 수 있지.

$$\text{압축계수}: a_v = \frac{e_1 - e_2}{p_2 - p_1} = \frac{-\Delta e}{\Delta p}$$

$$\text{압축지수}: C_c = \frac{e_1 - e_2}{\log_{10} p_2 - \log_{10} p_1} = \frac{\Delta e}{\log_{10} \frac{p_1 + \Delta p}{p_1}}$$

p_1, p_2는 간극비 e_1, e_2에 대응하는 압밀압력.

게다가 체적압축계수 m_v는 압밀압력의 증가량 Δp에 대한 체적감소(체적 변형 $\varepsilon_v = \Delta V/V_1$)의 비율로서, 다음 식으로 나타낼 수가 있는 거지.

$$m_v = \frac{\varepsilon_v}{\Delta p} = \frac{\Delta V/V_1}{\Delta p} = \frac{e_1 - e_2}{1 + e_1} \cdot \frac{1}{p_2 - p_1} = \frac{\Delta e/(1+e)}{\Delta p} = \frac{a_v}{1+e}$$

$$\left(= \frac{C_c}{(p_2 - p_1) \cdot (1 + e_1)} \cdot \log_{10} \frac{p_2}{p_1} \right)$$

 으-음, 식은 복잡해서 잘 모르겠지만, 각각의 의미는 조금 알 듯합니다.

 혼란스런 점에 할 말은 없지만, 흙의 압밀특성에 관해서도 한 가지 더 알아두어야 할 것은 압밀은 불가역적, 즉 압밀압력 p를 없애도 감소한 간극비 e는 복원되지 않는다는 점이지.

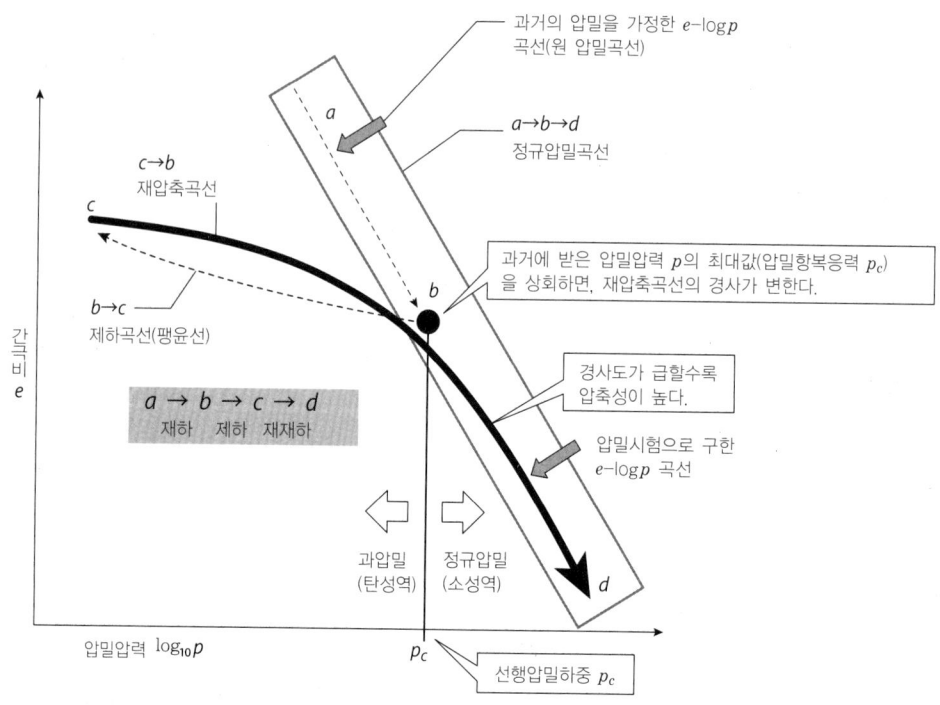

압밀항복응력 p_c와 정규 압밀·과압밀

이를테면, 현장에서 채취한 교란되지 않은 시료를 이용하여 압밀시험을 하면, 이미 파선 $a \rightarrow b$까지 압밀시킨 현장의 압밀압력 p를 제거하게 되지만, 간극비 e는 원래의 경로로 되돌아가지 않고, 파선 $b \rightarrow c$처럼 팽창하는 거야.

이 시료에 또다시 단계재하하면서 압밀을 진행시키면, 잠깐동안은 팽창한 경로를 되돌아가는 것처럼 압축이 진행되고 ($c \rightarrow b$), 원래의 압밀압력 p를 상회하는 하중단계가 되면 종래의 압밀경로($a \rightarrow b$)의 경사에 따라 압밀이 진행된다($b \rightarrow d$).

이처럼 흙이 압밀로 인해 탄성역에서 소성역으로 옮겨가는 압밀압력 p를 '선행압밀하중압력 p_c'라고 하는데, 캐사 그랜디(Casa Grande)법이나 삼립법(三笠法) ($\rightarrow$ p.181)으로 구할 수가 있지.

그래프에 그려져 있는 정규압밀과 과압밀이란 무슨 말인가요?

현재 받고 있는 압밀압력 p가 지금까지 최대인, 즉 선행압밀하중 p_c보다 큰 압밀의 진행과정을 '정규압밀'이라고 하며, 이런 상태의 점토를 '정규압밀점토'라고 하지. 한편, 현재의 응력보다 큰 응력을 과거에 경험한, 즉 압밀압력 p이 선행압밀하중 p_c보다 작은 압밀의 진행과정을 '과압밀'이라고 하고, 그 상태의 점토를 '과압밀점토'라고 하는 거지.

참고로 말하자면, 시료를 채취한 원위치에서의 토피압 σ_z'에 대한 선행압밀하중 p_c의 비를 과압밀비 OCR(Over Consolidation Ratio)라고 하며, 과압밀점토는 $OCR > 1$, 정규압밀점토는 $OCR = 1$이 되는 거야.

그래서, 압밀침하량과 침하시간의 예측에 필요한 각 값은, 실내의 압밀시험결과로 구할 수 있는데, 실내의 조건은 현장과 일치하게는 대응하지 않으므로, 시험결과의 해석에 유의할 필요가 있지.

5.4 압밀침하의 예측

그런데 실제 현장에서는, 흙의 압밀특성을 파악한 후에 '재하중으로 인해 어느 정도 침하하는가? (압밀침하량)', '침하량이 시간의 경과와 더불어 어떻게 진행하는가? (압밀침하의 시간경과 변화)'를 예측해야 한다는 점이야.

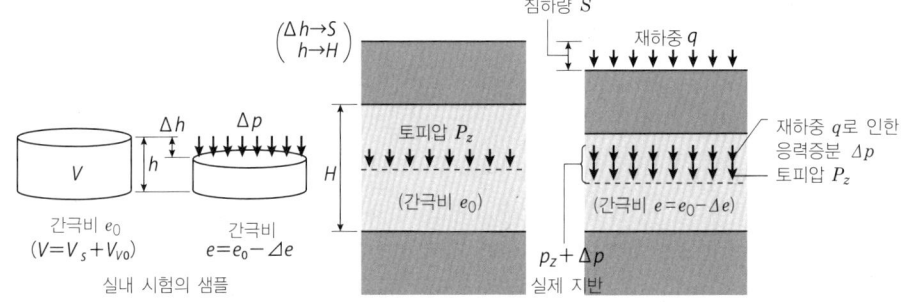

압밀침하가 진행되는 상황

이를 위해서는 현장의 지층구성과 토질, 지하수위를 파악하는 보링 조사를 하고, 압밀대상층에서 채취한 교란되지 않은 시료로 압밀시험을 하여, 샘플의 압밀이 현장에서도 동일하게 발생한다는 전제 하에, 압밀침하량과 압밀침하의 시간경과 변화를 예측하는 거야.

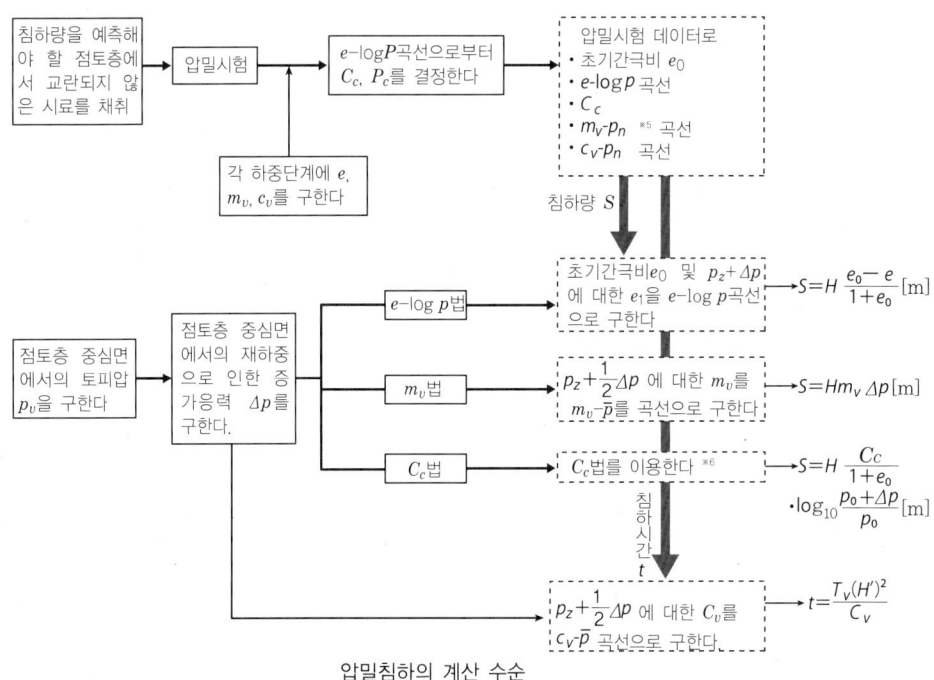

압밀침하의 계산 수순

※5 평균압밀압력 (kN/m²). $p = \sqrt{p/p'}$ 이 되어, 여기서 P'는 직전의 재하단계의 압밀압력(kN/m²)이다.
※6 점토층이 정규압밀이냐 과압밀이냐에 따라 취급이 다르다.

그럼, 하나씩 확인해 갈 테니까 따라올래?

넵, 열심히 하겠습니다…!

맨 처음에 압밀침하량(침하량 S)을 예측하는 수순은 다음과 같다 (→ p.182).

① **초기응력 p_0 산정** : 재하 전의 압밀층에 발생하는 토피압 $\sigma_z{'}$ 을 초기응력 p_0으로 산정한다.

② **응력증분 Δp 산정** : 재하중으로 인해 압밀층에 발생하는 전응력증분 $\Delta \sigma_z$을 응력증분 Δp으로 산정한다[7].

③ **간극비 감분 Δe 산정** : 압밀시험결과로 인한 $e-\log p$곡선으로 압밀압력 $p_1(=p_0+\Delta p)$에 대응하는 간극비 e_1을 구하고, 초기응력 p_0에 대응하는 초기간극비 e_0로부터의 간극비 감분 $\Delta e(=e_0-e_1)$를 산정한다.

④ **침하량 S 산출** : 재하 전의 토피압 p_0, 재하 후의 압밀압력 p_1이 각각 정규압밀 또는 과압밀 상태에 있는지의 여부 등을 근거로, 'Δe법 ($e-\log p$법)', C_c법, m_v법'으로 침하량 S(밀압층의 층 두께 감분 ΔH)을 산출한다.

'Δe법 ($e-\log p$법)', 'C_c법', 'm_v법'….

현장의 상황과 목적에 따라 분류하여 사용하는 거야. 다음 페이지에서 각각의 계산법에 관해 설명하겠다.

설계기준에 이용되는 압밀침하 계산법

	$e-\log p$법	C_c법	m_v법
건축기초구조설계지침	적용	설계용 $e-\log p$곡선을 구한 경우	
도로의 교량 시방서·하부구조	적용	정규압밀점토의 경우	
도로토공지침(연약지반대책)	적용	정규압밀점토의 경우	정규압밀점토의 경우
철도구조물설계표준	적용		
항만시설의 기술상의 기준			적용

(표층지반은 과압밀상태에 있는 경우가 많고, 그런 경우에는 m_v법만 사용한다.)

---

[7] 광범위하게 미치는 성토하중인 경우에는, 지반 내에 일률적인 응력증분이 발생한다고 생각해도 되지만, 일반적으로는 연직방향으로도 수평방향으로도 다른 응력증분을 나타낸다.

① Δe법 ($e-\log p$법)

Δe법에서는 지반에 새로운 재하중이 가해지면 $e-\log p$곡선에 따라 간극비 감분 Δe이 발생한다는 개념에 근거하여, $e-\log p$곡선으로 직접 $p_1(=p_0+\Delta p)$에 대응하는 간극비 $e_1(=e_0-\Delta e)$을 해독하여, 다음 식으로 침하량 S[m]를 산출한다.

$$S = \frac{e_0 - e_1}{1+e_0} \cdot H_0 = \frac{\Delta e}{1+e_0} \cdot H_0$$

여기서, H_0 : 압밀층의 초기층 두께[m]

Δe법은 정규압밀, 과압밀에 관계없이 침하량 S을 구할 수 있지만, 대규모 조사에서는 복수의 $e-\log p$곡선으로 대표 곡선을 작성하는 것이 바람직하며, 많은 $e-\log p$곡선상으로 p에 대응하는 e를 해독해야 한다.

② C_c법

C_c법에서는, $e-\log p$곡선에서 직선으로 간주할 수 있는 부분 (정규압밀역)의 경사를 나타내는 압축지수 C_c를 이용하여, 다음 식으로 침하량 S[m]를 산출한다.

$$S = \frac{C_c}{1+e_0} \cdot H_0 \cdot \log \frac{p_1}{p_0} = \frac{C_c}{1+e_0} H_0 \cdot \log \frac{p_0 + \Delta p}{p_0}$$

C_c법은 단순기하식화할 수 있지만, 압밀층이 정규압밀점토의 상태에 한정된다[8].

③ m_v법

m_v법에서는, 단계재하에 수반되는 샘플의 층 두께 변화를 나타내는 체적압축계수 m_v를 이용하여 다음 식으로 침하량 S[m]를 산출한다.

$$S = m_v \cdot \Delta p \cdot H_0$$

m_v법은 계산 방법이 가장 단순하지만, 한편으로는 압밀시험을 통해 정확한 m_v곡선을 얻는 것이 어려운 점도 있어, 개략을 파악하는 역할도 있다.

---

[8] 건축기준 방법을 응용하면, 과압밀영역도 포함하여 기하식화(幾何式化)할 수 있다.

으… 어렵네요.

 더 열심히 해야 돼! 이처럼 침하량 S는 압밀시험 결과에 근거한 세 가지 방법으로 산출되고, 압밀종료($t=\infty$)에서의 최종적인 침하량(최종침하량 S_f)도 똑같이 테르자기 압밀 이론에 관계없이 구할 수 있는 거야.

 이에 대해, 압밀침하의 시간경과 변화(침하량과 시간의 관계)는, 테르자기의 압밀 이론에 근거하여, 목적에 맞춘 세 가지 수순으로 예측해.

 또 세 가지!

압밀 침하에 필요한 시간(압밀시간 t) 예측

압밀 종료시의 압밀도(과잉간극수압 Δu의 소산 정도)를 100%로 하여, 압밀 층내의 깊이 z에서의 시간적인 압밀도를 '압밀도 U_z' (%), 압밀층 전체에서의 평균적인 압밀도를 '평균압밀도 U' (압밀도 U)라 하는데, 압밀도 U와 시간계수 T_v의 관계에서 다음 수순에 따라 임의의 압밀도 U에 이르는 압밀시간 t를 산출한다.

① 압밀계수 C_v 산정 : 압밀시험결과를 근거로 압밀계수 C_v를 산정한다 (→p.177).

② 시간계수 T_v 해독 : 그림과 같은 압밀 방정식에 근거한 압밀도 U와 시간계수 T_v의 관계 (U-T_v관계)에서 임의의 압밀도 U에 대한 시간계수 T_v를 해독한다.

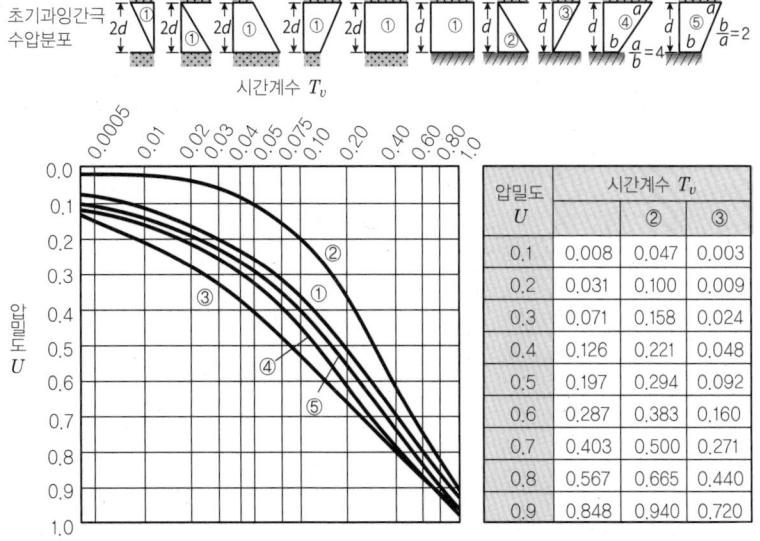

압밀도 U-시간계수 T_v 관계 ※9

※9 각종 초기조건, 환경조건에 대한 U-T_v관계

U-T_v관계는 각종의 초기조건 (압밀개시 ($t=0$)의 과잉간극수압 Δu의 분포), 경계조건 (압밀층 경계부의 과잉간극수압 Δu)에 대한 U-T_v관계를 나타낸 것으로, 흙의 종류와는 관계 없는 가장 중요한 근본적인 관계이다.

③ 배수거리 H_{dr}파악 : 그림처럼 압밀층의 층 두께 H와 현장의 지층구성이 양면 배수인지 편면 배수인지를 판단하여 배수거리 H_{dr}를 정한다.

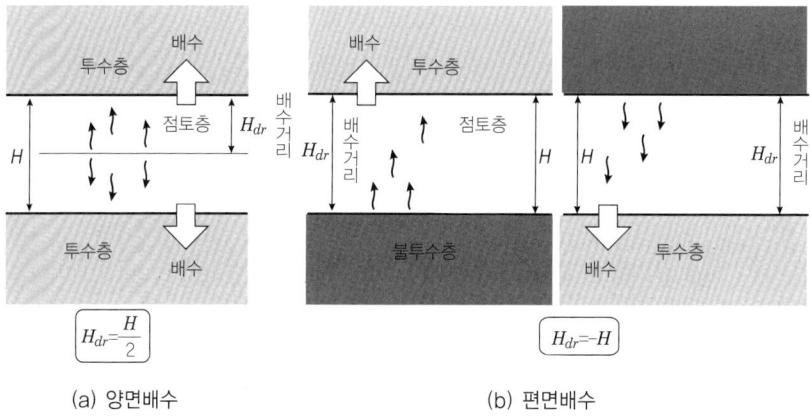

(a) 양면배수   (b) 편면배수

층 두께 H의 압밀층이 있는 간극수가 압력 p로 인해 배수되는 최장거리를 '배수거리'이라고 한다. 이를테면 그림 (a)처럼 점토층이 사층에서(양쪽 사이에) 끼여 있는 양측배수의 경우에는 배수거리 $H_{dr}=H/2$, 그림 (b)처럼 한쪽이 암반 등으로 구성되는 편측배수의 경우에는 배수거리 $H_{dr}=H$가 된다 [10].

압밀시간 t 산출 : ①의 압밀계수 C_v와 ②의 시간계수 T_v, ③의 배수거리 H_{dr}를 다음 식에 대입하여 임의의 압밀도 U에 이르는 압밀시간 t[d]를 산출한다.

$$t=\frac{T_v \cdot H_{dr}^2}{C_v}$$

이 식에서 압밀시간 t는 점토층의 배수거리 H_{dr}의 2승에 비례하며, 압밀계수 C_v에 반비례한다는 것을 알 수 있지.

※10 사층은 배수조건 (경계의 과잉간극수압 $\Delta u=0$), 암반은 비배수조건 (경계의 유속 $v=0$)을 나타내기 위해 이용한다.

즉, 압밀을 촉진하려면 압밀층의 배수거리 H_{dr}를 짧게 하는 것이 효과적이며, 이를테면 그림처럼 '샌드 드레인(sand drain) 공법'이라는 공법으로는 연약한 점토층 속에 샌드 파일(sand pile)을 박고, 이 샌드 파일에 점토 속의 물을 수평방향으로 모아서 압밀을 촉진하는 거야.

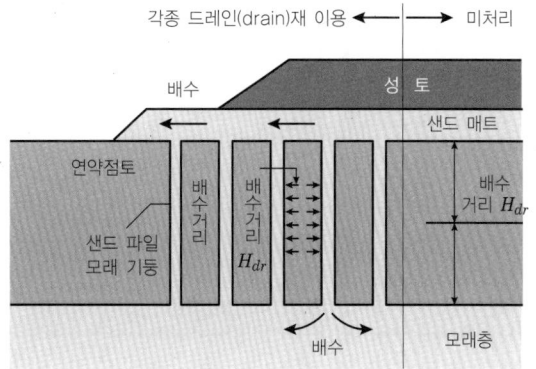

샌드 드레인 공법의 개략도

마지막으로, 임의의 압밀시간 t가 경과한 압밀층의 침하량 S_t는 다음 수순으로 산출하는 거야.

① 최종침하량 S_f 산정 : 압밀시험결과에 근거한 세 가지 방법(Δe법, C_c법, m_v법)으로 압밀층의 최종침하량 S_f을 산정한다.

② 시간계수 T_v 산정 : 앞서 언급한 압밀시간 t의 예측과 마찬가지로 압밀계수 C_v, 배수거리 H_{dr}를 구하고, 다음 식에 임의의 압밀시간 t을 대입하여 시간계수 T_v를 산정한다.

$$T_v = \frac{C_v}{H_{dr}^2} \cdot t$$

③ 압밀도 U_t 해독 : ②의 시간계수 T_v에 대한 압밀도 U_t를 앞서 언급한 압밀시간 t의 예측과 동일하게 그림으로 해독한다.

④ 침하량 S_t 산출 : ①의 최종침하량 S_f, ③의 압밀도 U_t를 다음 식에 대입하여, 임의의 압밀시간 t가 경과했을 때의 침하량 S_t[m]을 산출한다.

$$S_t = S_f \cdot \frac{U_t}{100}$$

Follow-up

■ 흙의 압축과 변형

물체가 압축력의 작용 방향으로 변형되는 현상을 '압축'이라고 하는데, 포화토에 압축력이 작용하면 흙입자골격의 변형(흙입자의 이동)으로 인해 간극수가 밀려나와, 배수와 더불어 체적이 감소하여 압축이 진행됩니다. 포화점성토는 간극비와 함수비가 큰데다가 투수성이 낮기 때문에 배수에 많은 시간이 걸리며, 정적 하중에 시간적 지연을 발생시키는 압축을 '압밀'이라고 합니다. 흙의 압축에는 이외에도 흙다짐과 전단이 있으며, 물리적·역학적 성질에 미치는 영향을 종합하여 구별하는 것이 중요합니다.

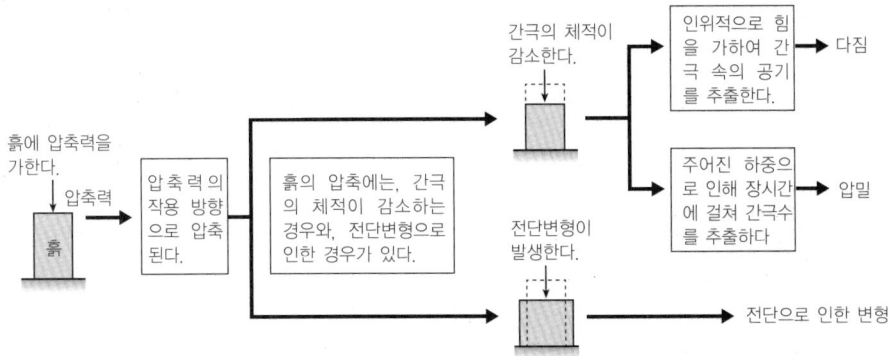

■ 흙의 압밀시험 (JIS A 1217)

(1) 시험 목적과 개요

'흙의 압밀시험'은 포화점성토층으로 구성되는 지반 침하량과 침하시간 추정에 필요한 압밀계수 c_v, 체적압축계수 m_v, 압축지수 C_c 및 선행압밀하중 p_c을 구하는 것을 목적으로 실내에서 실시됩니다.

(2) 시험 기구와 수순

일반적으로 행해지는 흙의 압밀시험 (단계재하로 인한 압밀시험)에서는, 현장에서 채취한 교란되지 않은 시료를 다음의 수순으로 성형(지름 6cm, 높이 2cm)하여, 측방이 구속된 압밀 링에 넣어 연직하중(압밀압력 p)을 단계적으로 재하합니다.

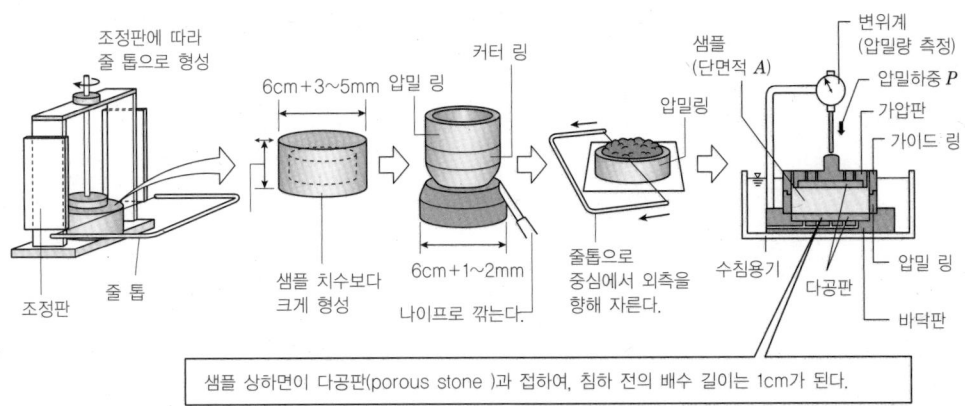

① 재하 직전의 경과 시간 $t=0$에서의 변위계 읽기 d_i[mm]를 측정한다.
② 제1단계의 압밀압력 $p=9.8\text{kN/m}^2$를 충격력이 가해지지 않도록 재하하고, 압밀을 시작한다.
③ 재하 후의 경과 시간 t이 6, 9, 12, 18, 30, 42초, 1, 1.5, 2, 3, 5, 7, 10, 15, 20, 30, 40분, 1, 1.5, 2, 3, 6, 12, 24시간일 때의 변위계 읽기d[mm]를 압밀량으로 측정한다.
④ 제2단계 이후의 압밀력 p(하중 증분 비 $\Delta p/p=1$의 비율로 19.6, 39.2, 78.5, 157, 314, 628, 1256kN/m²)를 ②, ③과 동일한 수순으로 재하하고, 경과시간 t에 대한 변위계 읽기 d를 측정한다.
⑤ 압밀압력 p을 모두 제하한 후, 압밀 링에서 샘플 전량을 증발접시에 옮겨서 건조 (110℃±5℃) 시켜, 샘플의 건조질량 m_s[g]을 측정한다.

(3) 시험 결과
1. 압밀량–시간 정리

압밀 이론을 적용하여 압밀계수 c_v를 산정하기 위해, '$\sqrt{t}$법' 또는 '$\log t$' 중 하나로 압밀량–시간의 관계를 정리하여, 다음 값을 구합니다.

- 이론 압밀도 0%에 해당하는 변위계 읽기 d_0[mm]
- 이론 압밀도 100%에 해당하는 변위계 읽기 d_{100}[mm]
- ($\sqrt{t}$법의 경우) 이론 압밀도 90%에 해당하는 시간 t_{90}[min]
- ($\log t$법의 경우) 이론 압밀도 50%에 해당하는 시간 t_{50}[min]

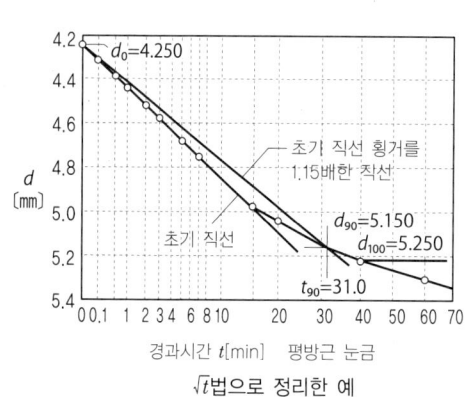

$\sqrt{t}$법으로 정리한 예

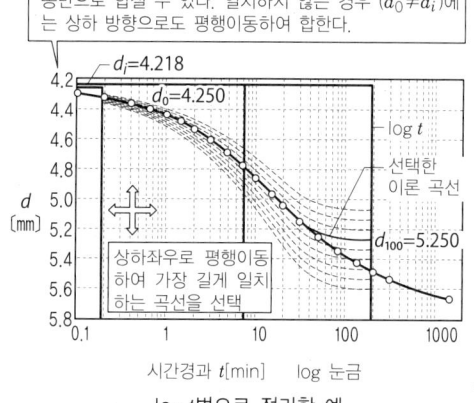

$\log t$법으로 정리한 예

2. 압밀량-시간 곡선의 작성

종축에 변위계 읽기 d, 횡축에 대수 눈금으로 경과시간 t를 취하여 압밀량-시간 곡선 (d-log t 곡선)을 그려, 압밀량-시간 관계에서 구한 값을 그림으로 나타냅니다.

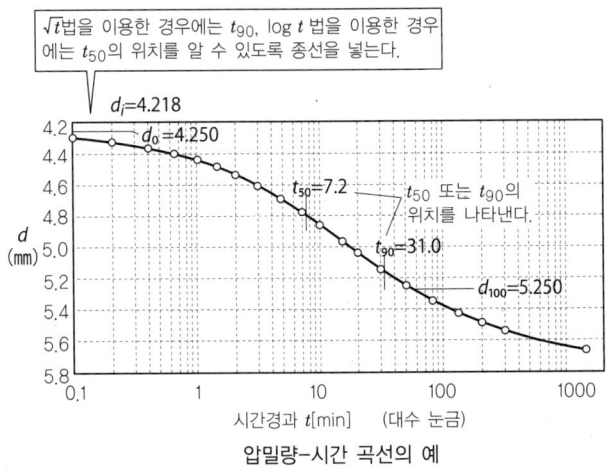

압밀량-시간 곡선의 예

3. 1차 압밀 비 및 압밀계수의 계산

다음 순서에 따라, 1차 압밀 비 r과 압밀계수 c_v를 구합니다.

① 각 재하 단계에서의 압밀 종료시의 샘플 높이 H[cm]와 평균 샘플 높이 $\overline{H}$[cm]를 계산한다.

$$H = H' - \Delta H \text{ [cm]}$$

$$\overline{H} = \frac{H + H'}{2} \text{ [cm]}$$

여기서 H' : 직전의 단계에서의 압밀 종료시의 샘플 높이 [cm]

② 각 재하 단계에서의 1차 압밀 비 r을 계산한다.

$$r = \frac{\Delta H_1}{\Delta H}$$

③ 각 재하 단계에서의 압밀계수 c_v[cm²/d]를 구한다.

($\sqrt{t}$법의 경우) $c_v = 0.848 \, \overline{H}^2 \cdot \dfrac{1440}{t_{90}}$ [cm²/day]

(log t법의 경우) $c_v = 0.197 \, \overline{H}^2 \cdot \dfrac{1440}{t_{50}}$ [cm²/day]

④ 각 재하 단계에서의 보정(補正) 압밀계수 $c_v{'}$[cm²/day]를 구한다.
  $c_v = r \cdot c_v$ [cm²/day]

⑤ 종축에 대수(對數) 눈금에서 c_v 또는 $c_v{'}$를, 횡축에 대수 눈금에서 평균 압밀압력 $\overline{p}$를 취하여 log c_v-log $\overline{p}$ 관계를 그림으로 나타낸다.

4. 체적 압축계수 및 투수계수 계산

다음 수순에 따라 체적압축계수 m_v와 투수계수 k를 구합니다.

① 각 재하 단계에서의 압축변형 $\Delta \varepsilon$ [%]을 계산한다.

$$\Delta \varepsilon = \frac{H + H'}{2} \times 100 \ [\%]$$

② 각 재하 단계에서의 체적 압축계수 $m_v[\text{m}^2/\text{kN}]$를 구한다.

$$m_v = \frac{\frac{\Delta \varepsilon}{100}}{\Delta p} \ [\text{m}^2/\text{kN}]$$

여기서 Δp : 각 단계에서의 압밀압력의 증분 [kN/m²]

③ 다음 식으로 평균압밀압력을 구하고, 종축에 대수 눈금에서 m_v를, 횡축에 대수 눈금으로 평균 압밀압력 $p[\text{kN/m}^2]$를 취하여 $\log m_v$-$\log \overline{p}$ 관계를 그림으로 나타낸다.

$$\overline{p} = \sqrt{p \cdot p'}$$

여기에 p': 직전의 재하단계의 압밀압력 [kN/m²]

④ 필요에 따라, 각 재하단계에서의 투수계수 k[cm/s]를 구한다.

$$k = c_v \times m_v \times \frac{\gamma_w}{8.64 \times 10^6}$$

여기서 γ_w : 물의 단위체적중량 [kN/m³] ($=9.8\text{kN/m}^3$)

5. 압축 지수 결정

다음 수순에 따라 압축지수 C_c를 결정합니다.

① 각 압밀압력 p에서의 압밀종료시의 간극비 e 및 체적 비 f를 계산한다.

$$e = f - 1$$

$$f = \frac{H}{H_s}$$

② 종축에 간극비 e 또는 체적비 f를, 횡축에 대수 눈금으로 압밀압력 p를 취하고, e-$\log p$ 곡선 또는 f-$\log p$ 곡선을 그린다.

③ e-$\log p$ 곡선 또는 f-$\log p$ 곡선의 명료한 직선부분에 점 a, b를 취하여, 압축지수 C_c를 구한다.

(e-$\log p$ 곡선인 경우) $C_c = \dfrac{e_a - e_b}{\log\left(\dfrac{p_b}{p_a}\right)}$

(f-$\log p$ 곡선인 경우) $C_c = \dfrac{f_a - f_b}{\log\left(\dfrac{p_b}{p_a}\right)}$

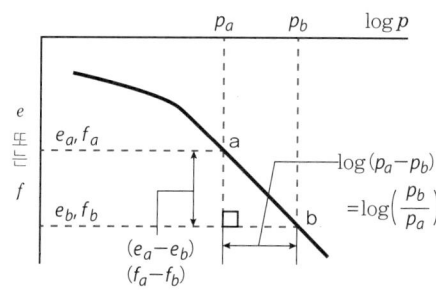

명확한 직선부분이 보이지 않는 경우에는, 기울기가 가장 큰 부분을 직선에 가깝게 하여 구한다.

6. 압밀항복응력 결정

흙의 선행압밀하중 p_c을 구하는 방법에는 '캐사 그랜디(Casa Grande)법'과 '삼립법'이 있습니다.

캐사 그랜디(Casa Grande)법[11]

① $e-\log p$곡선 또는 $f-\log p$곡선의 최대 곡률 점 A를 구한다.
② 점 A로부터 수평선 AB 및 접선 AC를 긋는다.
③ 직선 AB, AC의 2등분선 AD를 긋고, 압축지수 C_c를 구한 직선을 연장하여 교점 E를 구한다.
④ 교점 E의 횡좌표에서 압밀항복응력 P_c이 주어진다.

삼립법(三笠法)

① 압축지수 C_c로부터 $C_c' = 0.1 + 0.25 C_c$를 계산하여, 기울기가 C_c'의 직선과 $e-\log p$곡선 또는 $f-\log p$곡선과의 접점 A를 구한다.

② 접점 A를 통해 기울기가 $C_c'' = C_c'/2$의 직선을 긋고, 압축지수 C_c를 구한 직선을 연장하여 교점 B를 구한다.

③ 교점 B의 횡좌표에서 압밀항복응력 P_c이 주어진다.

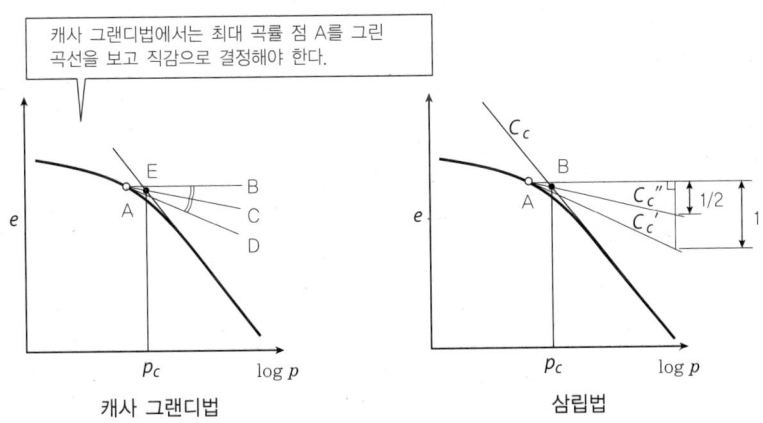

캐사 그랜디법   삼립법

※11 캐사 그랜디법은 종축의 스케일(scale)에 따라 최대 곡률점이 변하고, 압밀항복 응력에도 영향을 미치기 때문에, 스케일의 취하는 방법에 주의해야 한다. 또 캐사 그랜디법 및 삼립법으로 압밀항복응력을 구하기 어려운 경우에는, 압밀압력을 산술 눈금에 $e-\log$곡선 또는 $f-\log p$곡선을 그리고, 곡선상에 볼록한(凸) 부분이 보이지 않으면 압밀항복응력을 구하지 않아도 된다.

■ 침하량 추정

[예제 1]

그림처럼 두 사층 사이에 끼어 있는 두께 6m의 점토층이 있다. 압밀시험 결과, 점토의 압밀계수 $c_v = 140 \text{cm}^2/\text{d}$, 간극비 $e = 1.20$, 압축지수 $C_c = 0.75$를 얻었다. 이 지반 위에 단위체적중량 $\gamma_t = 18.0 \text{kN/m}^3$의 성토하중이 두께 $D = 3\text{m}$로 광범위하게 재하되었다. 다음 질문에 답하라.

① 성토 재하 전의 점토층 중앙 깊이에 발생하는 응력 P_0을 구하라.
② 성토 재하 후의 점토층 중앙 깊이에 발생하는 응력 P_1을 구하라.
③ 성토 재하 전후의 간극비 e의 변화량 Δe를 구하라.
④ 이 지반의 최종 압밀침하량 S_f를 추정하라.

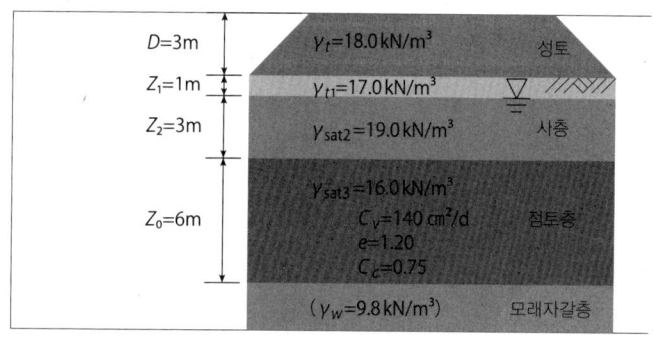

[해답]

① 점토층 중앙 깊이에 발행하는 응력 P_0, 즉 지표면에서 깊이 $z = 7\text{m}$에 발생하는 토피압 σ_z'

$$p_0 = \gamma_{t1} \cdot z_1 (\gamma_{sat2} - \gamma_w) \cdot z_2 + (\gamma_{sat3} - \gamma_w) \frac{H_0}{2} = 17.0 \times 1 + (19.0 - 9.8) \times 3 + (16.0 - 9.8) \times 3$$
$$= 63.2 \text{kN/m}^2$$

이 된다 (→ 제4장).

② 성토 하중으로 인한 응력증분 Δp는 성토의 단위 체적중량 γ_t와 두께 D로부터

$\Delta p = \gamma_t \cdot D = 18.0 \times 3 = 54 \text{kN/m}^2$

이 되고, 성토 재하 후의 점토층 중앙 깊이에 발생하는 응력 P_1은, 재하 전의 응력 P_0에 증분 Δp를 추가하여

$p_1 = p_0 + \Delta p = 63.2 + 54 = 117.2 \text{kN/m}^2$

이 된다.

③ 성토 재하 전후의 간극비 e의 변화량 Δe는 다음 식으로

$$\Delta e = e_0 - e_1 = C_c \cdot \log \frac{p_1}{p_0} = 0.75 \cdot \log \frac{117.2}{63.2} = 0.201$$

이 된다.

④ 이 지반의 최종압밀 침하량 S_f는 다음 식(p.172)으로

$$S_f = \frac{C_c}{1+e_0} H_0 \cdot \log \frac{p_1}{p_0} = \frac{0.75}{1+1.20} \times 6.0 \times \log \frac{117.2}{63.2} = 0.55 [\text{m}]$$

이 된다.

■ 경과시간 예측

[예제 2]
[예제 1]의 지반 압밀 침하에 관해서 다음 질문에 답하라.
① 최종 침하량 S_f의 90%의 침하량에 이르는 날짜를 추정하라. 단, 성토 하중으로 인해 발생하는 지반 내 응력은 깊이 방향으로 일률적으로 분포한다고 가정한다.
② 점토층 하부가 불투수성 암반인 경우, 최종 침하량 S_f의 90%의 침하량에 이르는 날짜를 구하라.

[해답]
① 양면 배수 조건이므로 배수장 $H_{dr} = 600/2 = 300\text{cm}$, $U-T_v$관계 (→p.173)로 압밀도 90%에 대한 시간계수 $T_v = 0.848$이다. 그러므로 압밀시간 t는 다음 식(→p.174)으로

$$t = \frac{H_{dr}^2}{c_v} T_v = \frac{300^2}{140} \cdot 0.848 = 545 (\text{day})$$

이 된다.

② 편면 배수 조건이므로 배수장 $H_{dr} = 600\text{cm}$, ①과 마찬가지로 압밀도 90%에 대한 시간계수 $T_v = 0.848$이다. 그러므로 압밀시간 t은 다음 식으로

$$t = \frac{H_{dr}^2}{c_v} T_v = \frac{600^2}{140} \cdot 0.848 = 2180 (\text{day})$$

이 된다.

제6장 흙의 강도?

지금 두 사람은 무의식적으로 고무줄을 잡아당기거나 젓가락을 구부려 보았지만 그건 그런 응력상태로 사용되어 파괴된다고 상정했기 때문이지.

압축부재로 사용되는 콘크리트는 압축 강도에 근거하여 설계되는 거야.

그럼, 흙의 강도는?

압축으로 부서진다기보다 붕괴된다든가 활동하는 이미지입니다.

으—음 인장과 구부러짐의 부재에는 사용되지 않을 거고,

그렇지. 지반이나 흙구조물의 '붕괴'와 '활동' 같은 파괴는 '전단'으로 생각하지.

흙 자체의 무게와 재하중으로 인해 지반 내에 '전단력 T'가 작용하면 흙은 지반 내에 작용하는 '전단응력 τ'을 '전단저항'에 의해 받아들이는 거야.

전단이라니요…?

가위를 상상해 보자. 가위 날은 종이를 끼워 압축하고 있는 것이 아니라, 두 개의 날이 있는 단면에 평행한 역방향의 힘을 작용하게 하여 절단하고 있는 거야. 이와 같은 파괴를 '전단파괴'라 하는데 그 단면은 '전단면'이라고 하지.

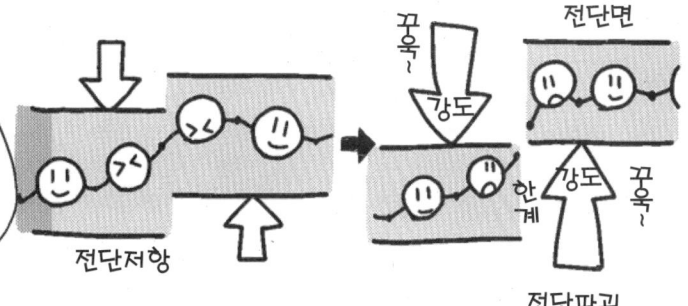

6 ① 흙의 강도란?

상하로 분리된 형틀의 시료 (단면적 A)에 일정한 수직력 P(수직응력 $\sigma=P/A$)를 가한 채로 서서히 전단력 T(전단응력 $\tau=T/A$)를 증가시키면, 이윽고 전단강도 s에 달하여 전단파괴에 이른다. 이처럼 어떤 수직응력 σ에 대한 전단강도 s를 구하는 시험을 '일면전단시험(직접 전단시험)'이라고 하는데, 이를테면 수직응력 σ를 3단계로 바꿔 전단강도 s를 구한 결과를 보여주면, 이런 s-σ 관계를 얻을 수 있어 (→ p.212).

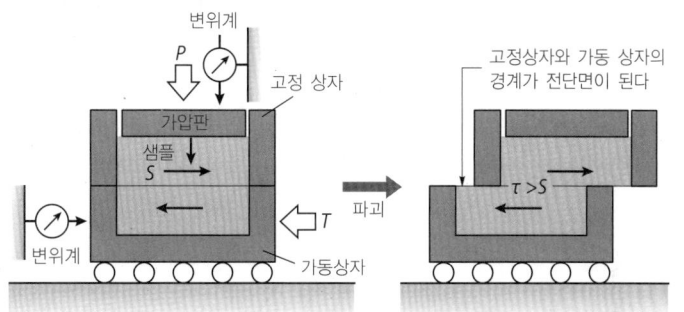

일면전단시험의 개요

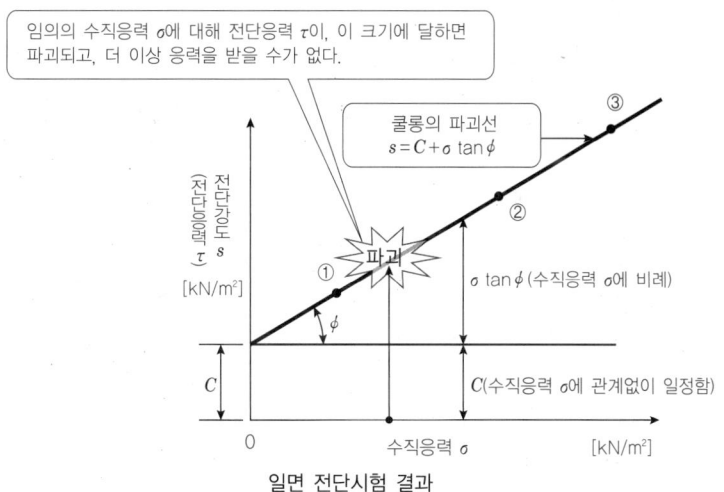

일면 전단시험 결과

 아, 이 직선이 전단파괴의 경계선인가?

 전단강도 s는, 수직응력 σ에 대응하여 직선적으로 변하는 거야!

 제대로 이해했네. 오른쪽 그림의 방석도 위에서 힘을 가할수록, 즉 "수직응력 σ과 더불어 마찰저항도 증가하여 뽑아내기가 힘들어진다"는 예를 생각하면 이해하기가 쉬울 거야.

이처럼, s-σ 관계에서 그리는 직선을 '쿨롱의 직선'이라고 하는데, 쿨롱은 이 파괴선으로 점착저항, 마찰저항, 전단강도 s와의 관계를 나타내는 '쿨롱식'(쿨롱의 파괴규준)을 제시한 거야.

$$s = \underbrace{c}_{\text{점착저항}} + \underbrace{\sigma \tan \phi}_{\text{마찰저항}} \quad (\text{'쿨롱식(式)'})$$

s : 전단강도 c : 점착력 ϕ : 내부마찰각 ($\tan \phi$: 마찰계수)

파괴선의 절편과 기울기로 전단상수와 전단강도 s의 관계를 정의한 거로군.

흙의 전단강도 s는 일정한 점착저항(c)과, 수직응력 σ에 비례하는 마찰저항($\sigma \tan \phi$)[*3]으로 구성되는 건가···

점착력 c은 수직응력 $\sigma = 0$일 때의 전단강도 s에 해당되는데···, 이 값은 흙 원래의 종류와 구조 때문인가요?

이를테면 점성토와 고화토 등의 자립하는 흙에 작용하는 흙입자 간의 결합력 (→제2장) 때문이라고 할 수 있지. 일반적으로 건조한 사질토에서는 점착력 $c ≒ 0$이 되는 거야.

저어···, 내부마찰각 ϕ 이 쉽게 이해되지 않은데요···.

내부마찰각 ϕ은 흙입자 간의 마찰과 맞물림으로 인한 저항을 각도에 따라 나타내는 것으로, 평지에 쌓아올린 모래와 쇄석이 자연스럽게 형성되는 경사각을 '안식각(안정각)'[*4]이라고 하는데, 내부마찰각 ϕ은 이 각도와 관계되는 거야.

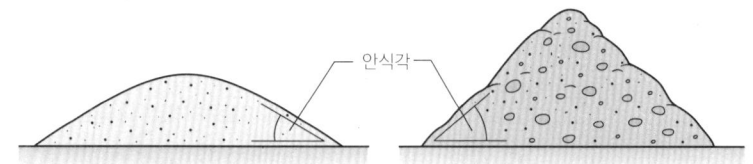

둥근입자 형상의 모래산   모가 난 입자 형상의 모래산

그렇다면 흙입자 간의 마찰이 클수록 안식각도 크게?

※3 전단강도 s의 성분인 마찰저항은, 전단면에 작용하는 수직응력 σ에 비례하고, 이 비례 상수를 마찰계수 $\tan \phi$로 한 각도를 내부마찰각 ϕ이라고 한다.
※4 안식각은 흙의 사면이 자연스럽게 안정되어 형성되는 최대경사각으로, 사질토의 경우, 직접 측정한 안식각으로 내부마찰각 ϕ을 추정할 수 있다.

이를테면 모래시계에는 위아래에 凹과 凸의 사면을 볼 수 있지. 사질토에는 점착저항이 작용하지 않으므로, 안식각은 입자형상과 밀도로 인해 30~35°로 안정되지만, 점성토는 점착저항이 작용하므로 안식각은 정해지지 않는 거야.

 어느 것이나 점착력 c와 내부마찰각 ϕ는 일면전단시험을 통해 단순한 원리로 직접 측정할 수 있지만….

 에–또, 일면 전단시험이라 하면 위아래가 상자에 구속되어…, 현장과 달리 전단면이 발생하는 위치가 한정되겠네요?

각도가 일정함 (30~35°).

모래시계에서 볼 수 있는 안식각

 게다가 전단력 T가 전단면을 향해 직접 작용하는 것도 왠지 부자연스럽고…. 하지만 임의면에 간접적으로 발생한 전단강도 s를 어떻게 파악할 수 있을까?

 지반 내의 어떤 점에 발생하는 응력은, 이 점을 지나가는 임의면에 수직으로 작용하는 수직응력 σ과 수평으로 작용하는 전단응력 τ로 정리하여 생각하는 거야. 그럼 안정된 지반 내의 단위 길이를 가진 입방체 부분에 주목하여 고려해 보자.

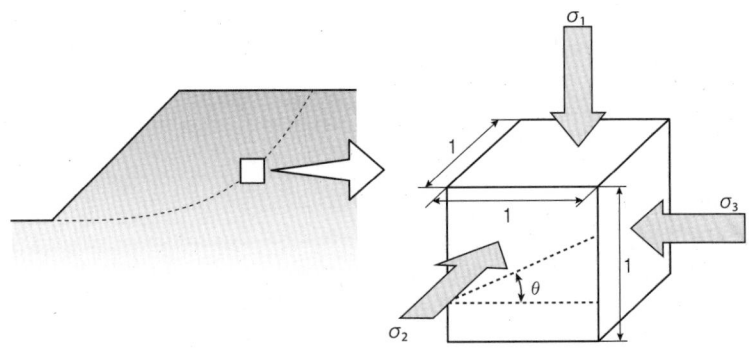

안정된 지반 내에 작용하는 응력

 모든 면에 압축응력이 작용하는 경우, 서로 직각을 이루는 주응력[5]을 큰 순서로 '최대주응력 σ_1', '중간주응력 σ_2', '최소주응력 σ_3'이라고 하는데, 지반 내에서는 통상적으로 최대주응력 σ_1이 토피압 σ', 중간주응력 σ_2과 최소주응력 σ_3이 인접한 흙으로부터 받는 압력(토압) (→제7장)에 해당하는 거야.

제6장 흙의 강도? 193

입방체와 원기둥 등의 축대칭(軸對稱)으로 고려하는 경우, 중간주응력 σ_2를 고려하지 않아도 되므로, 여기서는 최대주응력 σ_1과 최소주응력 σ_3으로 인한 전단응력을 고려한다.

 이 입방체 내의 어떤 점에 대해 최대주응력 σ_1, 최소주응력 σ_3가 아래 그림처럼 주어졌을 때, 이 점을 지나가는 임의면 AB(각도 θ)의 균형조건[※6]에서 수직응력 σ과 전단력 τ을 단위 안쪽까지의 길이 당으로 고려하면….

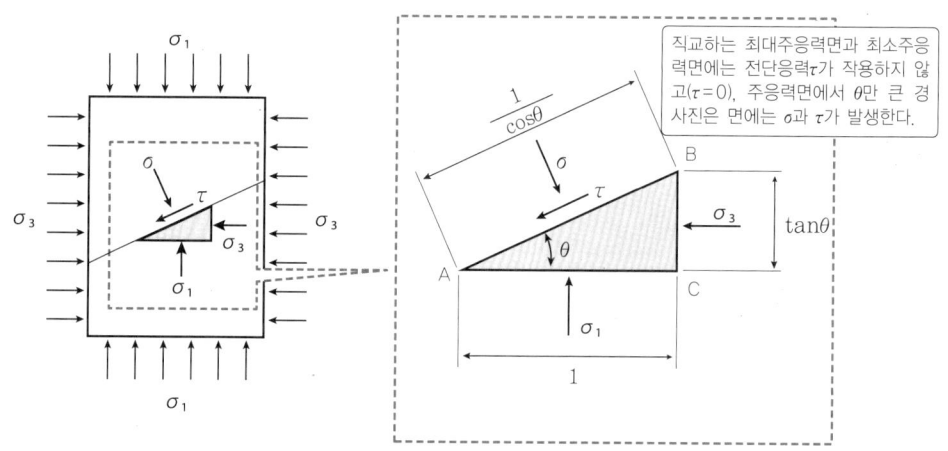

지반 내의 미소부분에서 고려한 최대주응력 σ_1과 최소주응력 σ_3

- 면에 수직방향의 균형조건으로 수직응력 σ을 고려한다.

$$\sigma \overline{AB} = \sigma_1 \overline{AC} \cdot \cos\theta + \sigma_3 \overline{BC} \cdot \sin\theta$$

$$\therefore \sigma = \sigma_1 \cdot \cos^2\theta + \sigma_3 \cdot \sin^2\theta$$

$$= \frac{1}{2} \cdot (\sigma_1 + \sigma_3) + \frac{1}{2} \cdot (\sigma_1 - \sigma_3) \cdot \cos 2\theta$$

- 면에 수평방향의 균형조건으로 전단응력 τ을 고려한다.

$$\tau \overline{AB} = \sigma_1 \overline{AC} \cdot \sin\theta - \sigma_3 \overline{BC} \cdot \cos\theta$$

$$\therefore \tau = \sigma_1 \cdot \cos\theta \cdot \sin\theta - \sigma_3 \cdot \sin\theta \cdot \cos\theta = \frac{1}{2} \cdot (\sigma_1 - \sigma_3) \cdot \sin 2\theta$$

※5 전단응력 $\tau = 0$이 되도록 설정한 면을 '주응력면', 이 면에 작용하는 수직응력 σ을 '주응력'이라고 하며, σ_1, σ_3이 작용하는 면을 각각 '최대주응력면', '최소주응력면'이라고 한다.
※6 요소가 지반 내에서 안정 (정지상태)되어 있으므로, 균형조건이 성립된다.

이런 식을 근거로 이 식을 얻을 수 있는 거야.

$$\left(\sigma_\theta - \frac{\sigma_1 + \sigma_3}{2}\right)^2 + \tau^2 = \left(\frac{\sigma_1 - \sigma_3}{2}\right)^2$$

 음, 간접적인 전단강도 s를 찾고 있다가 길을 헤매는 미아가 되었어요….

 그래서, 지도를 그릴 필요가 있는 거지. 그럼 수직응력 σ을 횡축, 전단응력 τ을 종축으로 취하면 이 식은 어떤 형태를 보여줄까?

 에-또 $(x-a)^2 + (y-b)^2 = r^2$, 점 (a, b)을 중심으로 하는 반경 r의 원의 방정식이었지.

결국은 $((\sigma_1+\sigma_3)/2, 0)$을 중심좌표 O'로 하여, $(\sigma_1-\sigma_3)/2$를 반경으로 하는 원!.

 바로 그거야! 수직응력 σ과 전단력 τ의 식으로 규정되는 모든 점이 그리는 궤적을 '모어(Mohr)의 응력원'이라고 하는데, 수직응력 σ과 전단력 τ은 각도 θ의 크기로 변한다는 점을 그림을 통해 이해할 수 있지.

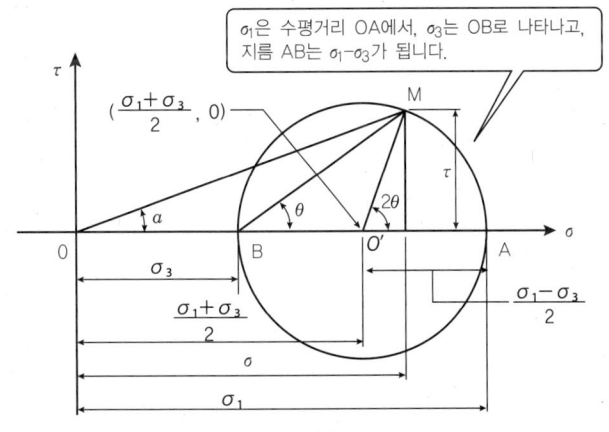

모어의 응력원

 원상에서 중심각 2θ를 이루는 점 M의 좌표는, 각도 θ를 이루는 경사면에 작용한 수직응력 σ과 전단응력 τ를 보여주는 거다!

 결국은…, 전단 파괴했을 때 모어의 응력원을 그리면, 전단면에 해당하는 좌표에서 간접적으로 발생한 전단강도 s를 이해할 수 있는 거지.

6 ② 흙의 파괴규준

그럼, 조금 전의 지반 위에 재하중을 가하여 지반 내의 미소요소에 최대 주응력 σ_{1f}가 작용했을 때 각도 θ_f의 전단면에서 파괴된 걸로 한다.

어떤 응력원을 그릴 수 있을까? 파괴선과의 관계도 고려해 보자.

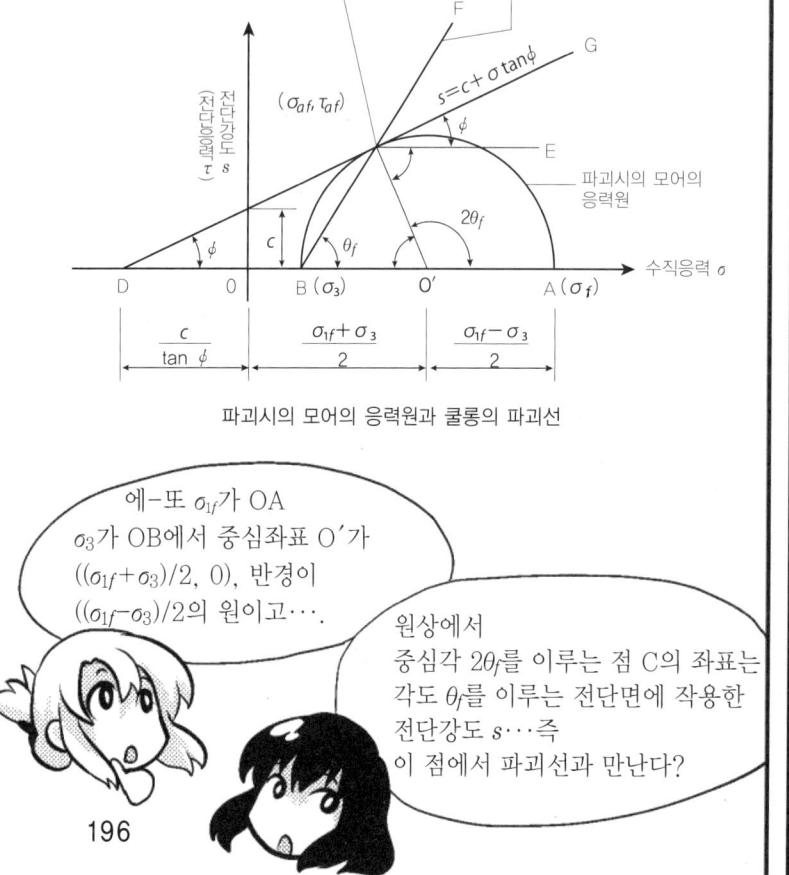

파괴시의 모어의 응력원과 쿨롱의 파괴선

바로 그거야! 파괴선은 그 흙이 전단파괴에 이르는 경계선이므로 전단강도 s를 나타내는 점 C에서 응력원과 만나는 거야.

에-또 σ_{1f}가 OA σ_3가 OB에서 중심좌표 O′가 $((\sigma_{1f}+\sigma_3)/2, 0)$, 반경이 $(\sigma_{1f}-\sigma_3)/2$의 원이고….

원상에서 중심각 $2\theta_f$를 이루는 점 C의 좌표는 각도 θ_f를 이루는 전단면에 작용한 전단강도 s…즉 이 점에서 파괴선과 만난다?

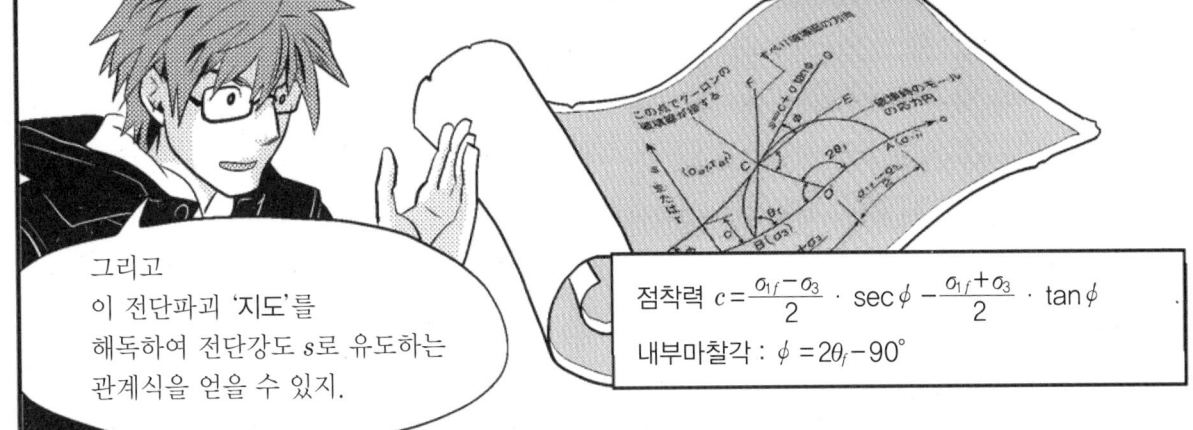

그리고 이 전단파괴 '지도'를 해독하여 전단강도 s로 유도하는 관계식을 얻을 수 있지.

점착력 $c = \dfrac{\sigma_{1f} - \sigma_3}{2} \cdot \sec\phi - \dfrac{\sigma_{1f} + \sigma_3}{2} \cdot \tan\phi$

내부마찰각 : $\phi = 2\theta_f - 90°$

확실히 편리하지만… 어떻게 극한 상태의 토피압 σ와 토압에 해당하는 σ_1와 σ_3를 구하지?

간접적인 전단파괴를 재현하는 실내 전단시험에 '삼축압축시험'[※7]이 있지.

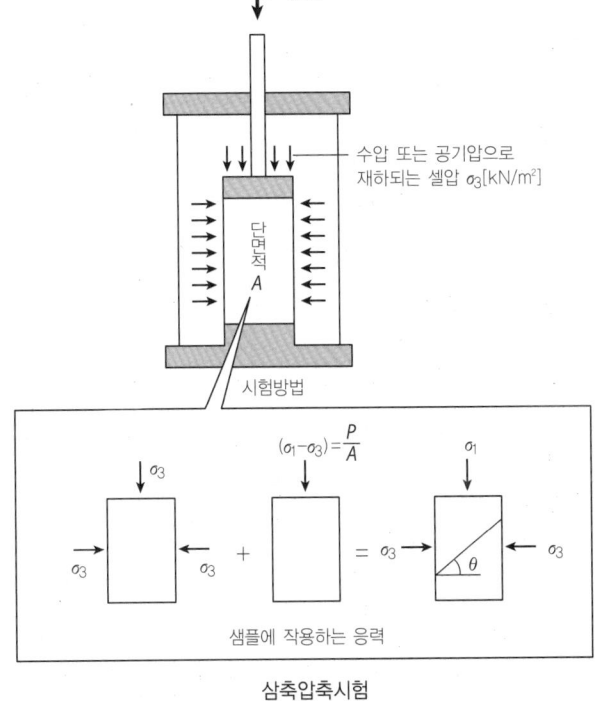

삼축압축시험

삼축압축시험은 고무 슬리브(slive)로 덮인 원기둥형의 샘플(포화토)에 일정한 구속압 σ_3을 가하면서 위아래로부터의 축압축력 σ_1을 서서히 크게 하여 파괴시의 축압축력 σ_{1f}을 계측하는 시험이야.(→p.214)

위치를 한정하지 않고 전단변형과 전단파괴를 간접적으로 발생시키는 거군요.

3차원적…

원리도 장치도 왠지 복잡….

※7 삼축압축시험에서는 주응력을 재하하여 간접적으로 전단응력 τ를 작용시켜서 전단파괴하므로, 주응력재하형(간접형) 전단시험이라고도 한다.

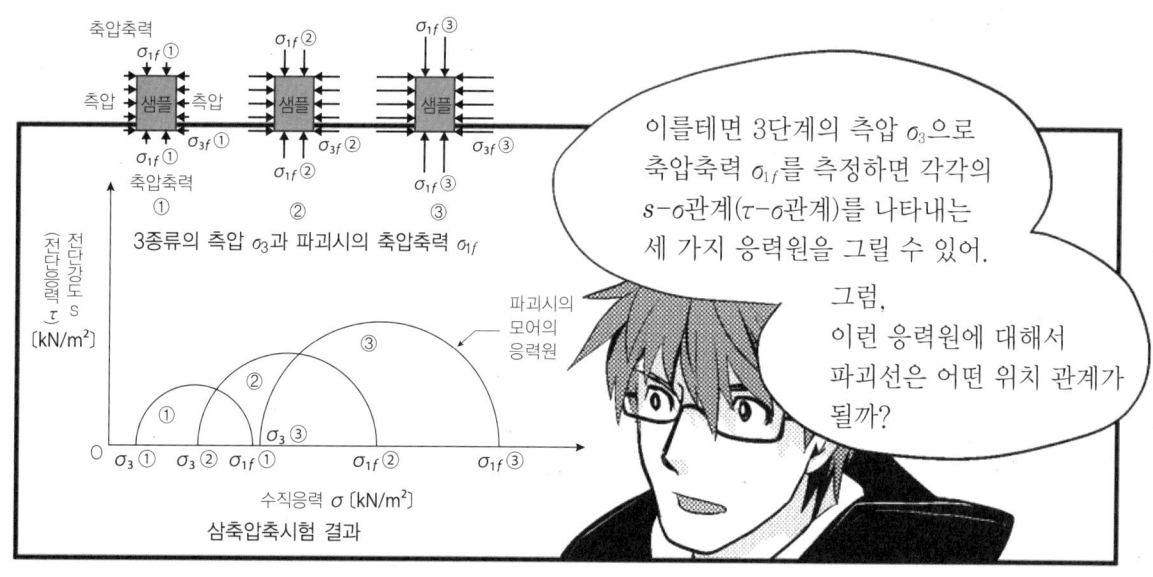

그러므로
투수성이 낮은 점토지반은
간극수의 신속한 배수를
허용하지 않는 비배수 조건이므로
전단변형에 수반과 더불어
과잉간극수압 Δu이 발생하지.

한편
모래지반은 투수성이 높아서
배수를 허용하므로
과잉간극수압 Δu가 발생하지
않아!

결국은…
모래지반의 간극수압
u는 정수압 u_0뿐?

하지만
모래지반에서도 지진 등으로
단시간에 급격한 전단력을 받으면
과잉간극수압 Δu의 소산이
따라잡지 못하는 거야.

그럼,
발생한 과잉간극수압 Δu는
모래지반의 전단강도 s에
어떤 영향을 미칠까?

과잉간극수압 Δu로 인해
유효응력 σ'가 감소하면…
흙입자 간의 결부도 작아지고…
마찰저항이 상실된다?

사질토는
점착력 $c≒0$으로 원래
점착저항이 없고
게다가 마찰저항까지
상실하게 되면….

맞아.
과잉간극수압 Δu로 인해
유효응력 σ', 그리고 마찰저항이 소실되면
전단강도 $s≒0$이 되고
'액상화'를 발생시킬 가능성이 있어 (→ p.217)

간극수   흙입자   액상화   침하

지진 전   지진 직후   지진 후
         지진으로 액체화 발생

201

6③ 흙의 전단시험

그럼, 흙의 변형에 대한 저항이 간극수압 u에 영향을 받는 것, 유효응력 σ'에 지배되는 것을 근거로, 쿨롱의 파괴규준을 다시 쓰면 이렇게 되지.

$$s = c' + (\sigma - u) \cdot \tan\phi = c' + \sigma' \cdot \tan\phi'$$

u : 간극수압 (정수압 u_0 + 과잉간극수압 Δu)
c' : 유효점착력
ϕ' : 유효내부마찰각[※9]

배수조건으로 인한 과잉간극수압 Δu의 발생과 소산이 유효응력 σ'에, 그리고 마찰저항을 좌우하는 거야….

즉 배수조건이 열쇠구나!

바로 그거야. 흙의 전단강도 s는 흙의 종류와 구조만이 아니라, 밀도, 함수량, 배수조건 등에 영향을 받으므로, 현장의 지반조건과 재하조건, 평가 목적에 따라 실내 전단시험을 실시하는 거야[※10].

실무적으로 자주 이용되는 시험에 '직접전단시험, 삼축압축시험, 일축압축강도시험'이 있지.

※9 점착력 c, 내부마찰각 ϕ의 값이 전응력표시의 경우와 다르므로, c' : 유효점착력, ϕ' : 유효내부마찰각(유효전단저항)으로 구별한다.
※10 실내 전단시험 실시가 곤란한 경우에는, 시료의 관찰과 물리시험의 결과를 근거로, 베인 전단시험과 표준관입시험 등의 원위치시험을 통해 추정한다.

실내 전단시험의 종류와 특색

	전단응력 재하형	주응력 재하형	
재하 방법	시료의 경계면 또는 특정의 전단면에 수직력과 전단력을 직접적으로 재하한다.	시료의 경계면에 주응력을 재하하여, 전단면에 간접적으로 발생하는 수직응력과 전단응력을 산정한다.	
시험 종류[11]	직접 전단시험	삼축 압축시험	일축 압축시험
전단 방법	수직응력 σ, 전단력 s	σ_1, σ_3	$\sigma_1 = q_u$
시험 방법	시료를 위아래로 분할하는 전단 상자에 넣어, 수직응력 σ을 작용시킨 상태에서 수평방향으로 전단파괴한다. 다른 수직응력 σ로 3회 이상의 시험을 하여, 파괴시의 전단응력 $\tau_f(=s)$과의 관계를 측정한다.	원주형 시료를 고무막으로 덮고, 수압으로 구속압 σ_3을 작용시킨 상태에서 연직방향으로 하중을 가하여 압축파괴한다. 다른 구속압 σ_3으로 3회 이상 시험을 하여 파괴시의 수직응력 σ_1과의 관계를 측정한다.	원기둥형 시료를 구속하지 않고 구속압 σ_3을 작용시키지 않는 상태에서 연직방향으로 하중을 가하여 압축 파괴한다. 최대의 압축응력으로써 얻을 수 있는 일축압축 강도 q_u를 측정한다.
전단 정수 구하는 법	횡축에 수직응력 σ, 종축에 전단강도 s를 취한 좌표면상에 측정값을 플롯하여, 각 점에 근사한 쿨롱의 파괴선을 통해 점착력 c, 내부마찰각 ϕ을 해독한다.	횡축 위에 각 σ_3에 대응한 σ_1을 취하고, $(\sigma_1-\sigma_3)$을 직경으로 하는 모어의 응력원의 공통접선(쿨롱의 파괴선)을 통해 점착력 c와 내부 마찰각 ϕ을 해독한다.	포화점토를 샘플로 하여 시험을 하는 경우에는 비압밀 비배수(UU)의 조건이 되고, 측정값은 $\varphi = 0$, $c = q_u/2$가 된다.
특색	모든 토질에 대응하여, 조작이 단순하지만, 조건에 따라 변형과 응력의 불균일이 발생한다.	모든 토질에 대응하여 이론적인 조건 설정 하에 시험이 실시되지만, 조작이 복잡하다.	조작이 가장 간단한 시험이지만, 대응하는 시료는 일빈직으로 자립하는 점성토에 한정된다.

[11] 이 외에 실내 전단시험은, 전단응력 재하형에 링 전단시험과 주응력 재하형에 반복하여 삼축시험 등이 있다.

아무튼 흙은 전단으로 인해 다이레이턴시가 발생하므로, 실내 전단시험을 할 때에는, 배수조건과 전단 속도에 유의할 필요가 있어.

 하지만, 현장에는 다양한 배수조건이 존재하는데요.

 전단 속도란 무얼 말하는 건가요?

 실내 전단 시험에서는 전단(압밀 과정)과 전단 중(전당 과정)의 배수조건을 조합하여, 비압밀 비배수, 압밀 비배수, 압밀 배수의 3종류를 분별하여 사용하지.

지반 상황과 실내 시험의 배수 조건

	재하 직후	단계적인 재하	재하 후 장시간 경과
지반상황	증가하중에 대응하여 과잉간극수압이 발생. 지반 압밀이 진행되지 않고, 증가 하중은 모두 땅속에 발생한 과잉간극수압이 담당하고, 전단 강도는 그대로(가장 위험한 상태).	제1단계의 성토로 압밀이 끝나고, 강도가 증가했다. 연약한 점토지반에 단계적인 재하를 하는 경우, 최초의 성토로 압밀을 진행시켜, 흙의 강도가 얼마큼 증가했느냐에 따라 다음의 성토의 안전성을 조사한다.	압밀이 진행하여 증가하중이 유효응력으로써 흙입자간에 전달된다. 재하 후 장시간이 경과한 경우, 재하중으로 인한 압밀도 진행하여, 증가 하중은 유효응력으로써 토립자 간에 이미 전해졌다.
실내시험조건	최초의 가압시에도 전단 중에도 배수를 허용하지 않는 조건에서 전단한다. 비압밀 비배수 (unconsolidated undrained) 전단 (UU 시험)	최초의 가압으로 압밀시킨 후, 배수를 허용하지 않는 조건에서 전단한다. 압밀 비배수 (consolidated undrained) 전단 (CU 시험)	최초의 가압시에도 전단 중에도 배수하여, 과잉간극수압을 발생시키지 않고 유효응력만이 작용하는 조건에서 전단한다. 압밀 배수 (consolidated drained) 전단 (CD 시험)

먼저, 비압밀 비배수시험(UU시험)은 지반의 단기적인 지지력과 점토지반에 재하중이 급속하게 가해지는 경우 등의 안정성(단기안정문제)을 검토하기 위해, 전단 전에도 전단 중에도 간극수를 출입시키지 않고, 체적변화를 허용하지 않는 조건(비배수조건) 하에서 실시하는 시험이야.

 Unconsolidated Undrained의 머리글자를 따서 UU이군요.

 다음으로, 압밀 비배수시험(CU시험)은 압밀로 인한 흙의 강도 증가와 압밀 후의 지반에 재하중이 급속하게 가해지는 경우 등의 안정성을 검토하기 위해, 전단 전에 압밀응력을 작용시켜서 샘플을 압밀시킨 후, 전단 과정에서는 비배수 조건 하에서 실시하는 시험이지[※12].

 Consolidated Undrained의 CU이네.

 마지막으로, 압밀 배수시험(CD시험)은 전단 전에 샘플을 압밀시킨 후, 전단 중에는 과잉간극수압 ΔU가 발생하지 않도록, 간극수의 출입과 더불어 체적 변화를 허용하는 조건(배수조건) 하에서, 충분히 느린 속도로 재하하는 시험이지.

 Consolidated Drained의 CD다!

 그럼, 이를테면 점토층에서 시공 중에 압밀과 함수량의 변화를 발생시키지 않는 경우, 또는 포화점토가 성토한 직후에 파괴되는 경우의 검토는 어느 조건이 적절할까?

 에-또, 양쪽 모두 압밀과 배수를 고려하지 않으므로…, UU시험!

 점토 성토가 압밀된 후, 급속하게 파괴되는 경우의 검토는?

 압밀된 후 '급속'이라는 것은 비배수에서…, CU시험이네.

 압밀 후의 지반이 완만하게 파괴되는 경우의 검토는?

 압밀 후에 서서히 배수하면서 파괴되므로…, CD시험이네요.

[※12] 압밀 비배수시험의 전단 과정에서 과잉간극수압 Δu를 측정하는 경우에는, $\overline{CU}$시험이라고 하며, 쿨롱의 파괴규준은 $s = c' + (\sigma - u) \tan \phi = c' + \sigma' \tan \phi'$ (여기서, $c' \fallingdotseq c_d$, $\phi' \fallingdotseq \phi_d$)가 된다.

정답이야. 특히 배수 조건을 제어하는 전단시험으로는 삼축압축시험이 자주 이용되고 있지. 정리하면 이렇게 돼.

시험 명칭		배수 조건		얻어지는 전단정수	현장 상황
		압밀과정	전단과정		
비압밀 비배수 시험	UU시험	–	비배수	C_u, ϕ_u	점토지반에 대한 급속한 재하(급속시공) 등, 단기 안정문제를 검토한다.
압밀 비배수 시험	CU시험	배수	비배수	C_{cu}, ϕ_{cu}	점토지반을 압밀시킨 후의 급속한 재하(급속시공) 등, 압밀응력 p에 대한 비배수 전단강도 S_u의 증가율 S_u/p를 검토한다.
	$\overline{CU}$시험	배수	비배수 (u 측정)	c', ϕ'	
압밀배수시험	CD시험	배수	배수	c_d, ϕ_d	모래지반 등의 투수성이 좋은 지반의 시공 등, 장기 안정문제를 검토한다.

 배수조건에 따라 흙의 점착력 c와 내부마찰각 ϕ는, UU시험에서는 c_u와 ϕ_u, CU시험에서는 C_{cu}와 ϕ_{cu}, CD시험에서는 c_d와 ϕ_d로 구별되는 거야….

 맞아 맞아. 전단상수는 일반적으로 시험조건에서 변하므로, 첨자를 달아, 어느 조건에 따른 점착력 c과 내부마찰각 ϕ인가를 명확하게 하는 거야.

 지반이 '붕괴된다, 활동한다'와 같은 대규모 현상도, 먼저 실내 전단시험 결과에 근거하여 검토되는 거군요.

6 ④ 흙의 종류와 전단특성

그럼, 흙의 종류에 따른 전단 특성을 생각해 보자.

먼저, 점토는 투수성이 낮으므로 간극수의 배수, 즉 과잉간극수압 Δu의 소산에 시간이 필요해 (→ 제5장).

이 때문에 단시간에 안정·지지문제에서는 모든 재하중이 과잉간극수압 Δu에 의해 지탱되고 있는 거야.

그럼 UU시험으로 인한 τ-σ관계는 어떻게 될까?

간극수가 재하중을 지탱하는 것은 유효응력 σ'이 변하지 않으므로 수직응력 σ이 증가하여도 마찰저항은 발휘되지않고…

점토의 단기적인 전단강도 s는 점착저항, 즉 점착력 c으로 일정하게 되는 거군요.

포화점토의 UU시험 결과

파괴 포락선
$S = C_u$

전단강도(전단응력) s (τ) [kN/m²]

C_u $\phi_u = 0$

수직응력 σ[kN/m²]

그렇지. 이런 경우, 재하중에 대해서 과잉간극수압 Δu이 발생하므로, 수직응력 σ에 관계없이 마찰저항은 제로 ($\phi_u = 0$)가 되어, 비배수 전단강도 $s = (\sigma_1 - \sigma_3)/2 = c_u$로 나타낼 수 있는 거야.

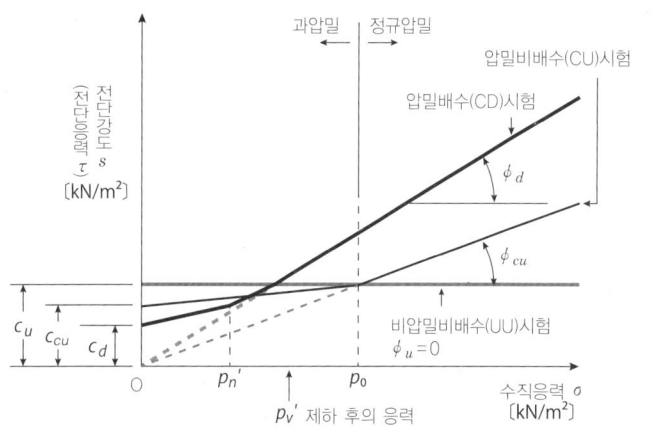

배수조건에 따른 전단강도의 변화

다른 배수조건이면 어떻게 되는 건가요?

지반 속에서 선행 압밀압력 p_0를 받은 교란되지 않은 포화점토의 전단강도 s는 배수조건에 따라 달라.

똑같은 점토라도 배수조건과 정규압밀이냐 과압밀이냐의 차이로 전단에 대한 저항 방법이 다른 거구나.

정규압밀역에서는 UU보다 CU, CU보다 CD의 전단강도 s가 크다는 것은 점토는 압밀하면 강도가 증가한다는 말인가요?

제대로 이해했네. 점토는 압밀의 진행과 더불어 강도가 증가하여 압밀압력 p으로 압밀 후의 비배수 전단강도를 $s=c_u$로 하면 압밀압력 p으로 인한 강도 증가는 c_u/p로 나타낼 수 있지.

그 값은 점토에 과잉간극수압 Δu을 발생시키지 않고 CD시험을 하는 것은 어려운 점도 있고 하여 압밀압력을 바꾼 $\overline{CU}$시험을 통해 구하지.

교란된 시료와 교란되지 않은 시료에서도 전단강도 s가 변할 것 같죠?

와, 예리하다!
흙의 반죽 상태에 따라 자연상태의 구조가 흐트러지면 전단강도 s는 감소되는 거야.

이런 비율을 '예민비 S_t'*13라고 하는데, 교란되지 않은 점토의 비배수 전단강도 c_u와 이 점토를 교란했을 때의 비배수 전단강도 c_{ur}의 비를 통해 일축압축강도 q_{ur}를 이용하여 계산할 수 있어 (→ p.217).

예민비 $S_t = c_u/c_{ur}$
$= (q_u/2)/(q_{ur}/2) = q_u/q_{ur}$

점토의 전단강도 s는 간극수압과 밀도에 의해 영향을 받으므로 압밀과 배수조건의 영향을 크게 받는다는 거군요.

점토는 이젠 괜찮을 것 같은데.

한편, 모래는 투수성이 높고 과잉간극수압 Δu이 단시간에 소산하므로, 재하중은 즉시 유효응력 σ'에 의해 지탱된다.

이 때문에 수직응력 σ에 비례하여 마찰저항이 커지고 모래에는 점착저항이 발생하지 않으므로 모래의 전단강도 $s = \sigma \tan \phi$로 나타낼 수가 있는 거야.

※13 정규 압밀된 점토의 예민비는 $S_t = 2 \sim 10$ 정도 (대부분의 점토는 $S_t = 2 \sim 4$, 예민한 점토는 $S_t = 4 \sim 8$, 가장 예민한 점토에서는 $S_t = 8$ 이상)이고, 퀵 클레이라는 점토에서는 $S_t = 100$을 상회하는 경우도 있다.

Follow-up

(1) 시험 목적과 개요

'흙의 직접전단시험'은 옹벽의 토압계산, 사면의 안정계산, 기초지지력 계산 등에 이용하는 전단상수(점착력 c, 내부마찰각 ϕ)를 구하기 위해 실시하며, 전단 과정의 차이로 '압밀 정체적 직접전단시험(정체적시험)'과 '압밀 정압 직접전단시험(정압시험)'으로 구별합니다.

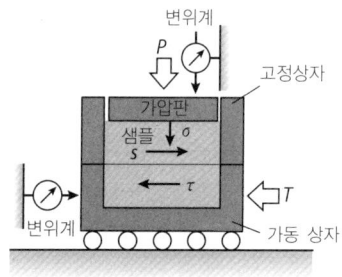

직접전단시험의 개략도

1. 정체적(定體積)시험 (JGS 0560)

샘플의 체적을 일정하게 유지하면서 전단하는 시험에서, 이 방법으로 인한 최대 전단응력을 '정체적 전단강도'라고 합니다. 정체적 시험으로 인한 포화토의 결과는 CU시험에 대응합니다.

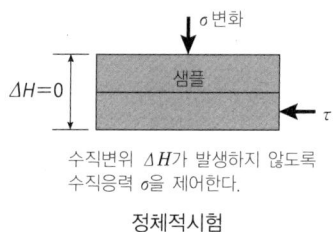

수직변위 ΔH가 발생하지 않도록
수직응력 σ을 제어한다.
정체적시험

2. 정압(定壓)시험 (JGS 0561)

샘플에 일정한 수직응력을 가하면서 전단하는 시험으로, 이 방법으로 인한 최대 전단응력을 '정압 전단강도'라고 합니다. 정압시험에서는 전단 중에 과잉간극수압 Δu을 발생시키지 않기 위해 CD시험에 대응합니다.

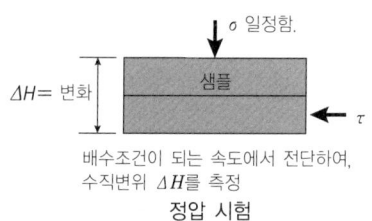

배수조건이 되는 속도에서 전단하여,
수직변위 ΔH를 측정
정압 시험

(2) 시험 기구와 수순

샘플은 통상 정체적시험에는 교란되지 않은 포화점토의 덩어리 모양의 시료를, 정압시험에서는 교란된 사질토의 덩어리 모양이 아닌 시료를 대상으로 다음 시험을 진행하면서 결과를 정리합니다.

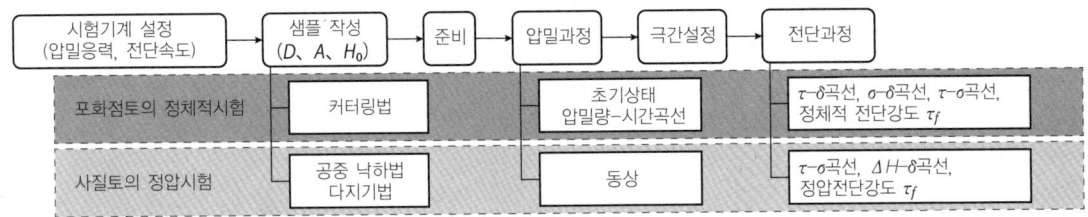

(3) 시험 결과

정체적시험 또는 정압시험 결과를 활용하여 다음 수순에 따라 전단상수를 결정합니다.

1. 정체적 시험

① 복수의 시험으로 응력 경로 (τ-σ곡선)를 반복하여 그린다.
② 정체적 전단강도 τ_f를 압밀응력 σ_c에 대해 플롯(plot)한다.
③ (τ_f, σ_c)를 연결하는 직선에서, 전응력에 근거한 전단상수 c_{cu}, ϕ_{cu}를 구한다.
④ 응력 경로의 τ_f를 연결한 직선에서, 유효응력에 근거한 전단상수 $c_1{}'$, $\phi_1{}'$을 구한다.
⑤ 압밀 전후의 간극비를 압밀응력 σ_c에 대해 플롯하여, 시료의 균일성을 확인하는 자료로 삼는다.

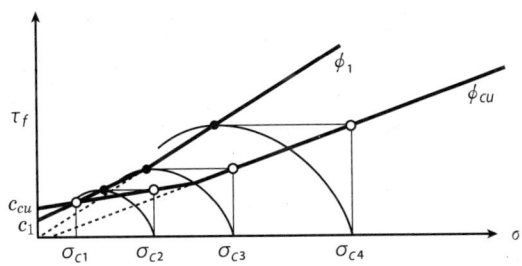

2. 정압시험

① 복수의 시험에 인한 정압 전단강도 τ_f를 압밀응력 σ_c에 대해 플롯한다.
② (τ_f, σ_c)를 연결하는 직선으로부터 전단정수 c_d, ϕ_d를 구한다.
③ 압밀 전후 및 전단응력 최대시(最大時)의 간극비를 압밀응력 σ_c에 대해 플롯하여, 시료의 균일성을 확인하는 자료로 삼는다.

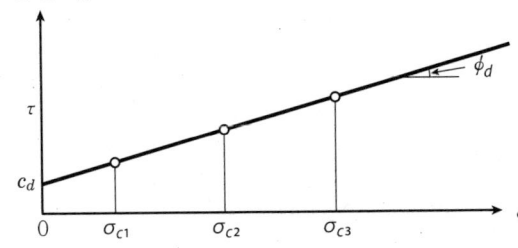

> 점성토 지반을 압밀시킨 후 성토를 급속 시공하는 경우의 안정 계산에는 정체적 시험에 의한 c_{cu}, ϕ_{cu}와 S_u/p를, 사질토 지반과 점성토 지반의 장기적인 안정계산에는 안정시험에 의한 c_d, ϕ_d가 이용됩니다.

■ 흙의 삼축압축시험 (JGS 0521, 0522, 0523, 0524)

(1) 시험 목적과 개요

'흙의 삼축압축시험'은 전단강도 τ_f를 구하기 위해 현장 상황에 가까운 응력상태를 실내에서 재현하여 실시하며, 전단 전(압밀 시)과 전단 중에 배수조건의 조합으로 '비압밀 배수시험(UU)', '압밀 비배수시험(CU, $\overline{CU}$)', '압밀배수시험(CD)'으로 구별합니다.

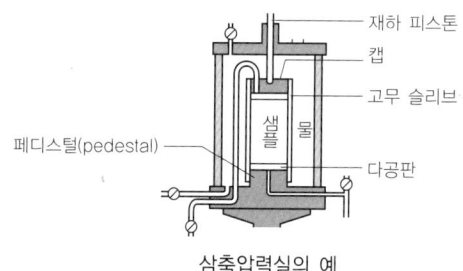

삼축압력실의 예

(2) 시험 기구와 수순

삼축압축시험 수순은 다음과 같습니다.

① 다공판에 얹은 샘플에 캡과 고무 슬리브를 씌워서 위 아래를 O링 모양의 고무로 중단한다.

② 압밀시키는 경우에는 배수 밸브 C, D를 연 상태에서 압력실내를 가압하여, 샘플에 일정한 응력을 등방으로 작용시킨다. 이 때, 간극수는 압밀과 더불어 뷰렛(burette)쪽으로 배수되고, 이 수위로 샘플의 체적변화를 측정한다.

③ 전단은 샘플에 일정한 응력을 등방으로 작용시킨 채로, 재하 피스톤에 의한 축압축력을 가하여, 샘플이 파괴될 때까지 압축한다.

축압축력을 P, 샘플의 단면적을 A로 하면 축방향응력 σ_a와 구속압 σ_r의 차이인 주응력차($\sigma_a - \sigma_r$)는 다음 식으로 계산된다.

$$(\sigma_a - \sigma_r) \frac{P}{A} \ [kN/m^2]$$

④ 동일한 상태의 샘플을 세 가지 이상 준비하여, ①~③의 순서로 다른 구속압 σ_r 하에 시험을 한다.

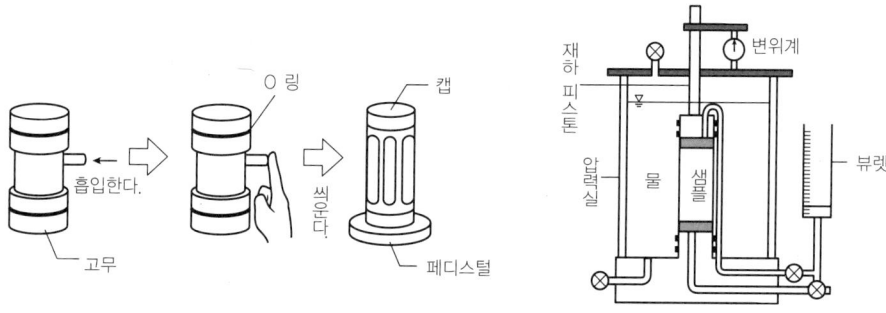

(3) 시험 결과

각 샘플로 인한 주응력차의 최대값 $(\sigma_a - \sigma_r)_{max}$를 횡축($\sigma$축)에, 이것을 직경으로 하는 모어(Mohr)원 (Mohr의 응력원)을 그려서, 공통 접선(포락선)의 종축 절편에서 점착력 c, 경사로 내부마찰각 ϕ을 해독합니다(파괴시의 모어원으로 구하는 방법).

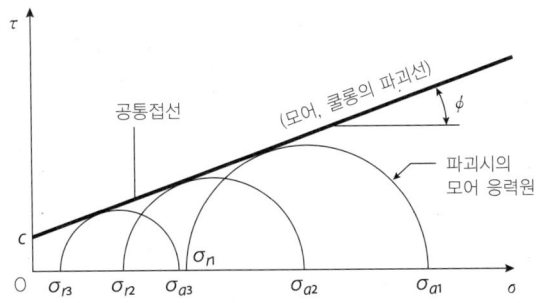

삼축압축시험을 통해 얻어지는 것은 측압에 대응한 압축강도 $(\sigma_a - \sigma_r)_{max}$이며, 파괴면상의 전단강도 τ_f를 구하려면 모어원을 이용할 필요가 있습니다. 또 전단상수를 구하는 방법은, 이 외에도 포락선에 모든 모어원이 만나는 것을 전제로 하여 '압축강도와 압밀응력으로 구하는 방법'과 '압축강도의 1/2과 평균 유효응력으로 구하는 방법'이 있습니다.

■ 전단 상수를 구하는 방법 (일면 전단시험)

[예제 1]
어떤 흙에 관해서 일면(직접)전단시험을 하였더니 표와 같은 결과를 얻었다. 이 흙의 점착력 c 및 내부마찰각 ϕ을 구하라.

샘플	①	②	③	④
수직응력 σ[kN/m²]	100	200	300	400
전단강도 τ[kN/m²]	75	135	196	254

(개념)
$\tau - \sigma$ 관계를 플롯하여 쿨롱의 파괴선을 그려, 종축 절편으로부터 점착력 c, 경사로부터 내부마찰각 ϕ을 해독합니다.

[해답]

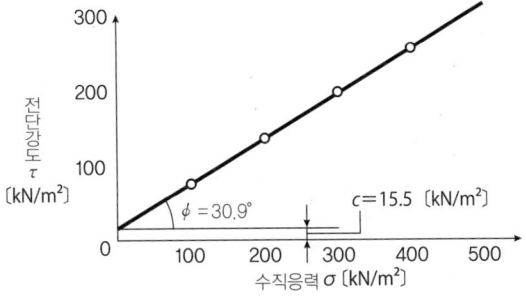

쿨롱의 파괴선으로부터 점착력 $c = 15.5 \text{kN/m}^2$, 내부마찰각 $\phi = 30.9°$

■ 전단정수 구하는 방법 (삼축압축시험)

[예제 2]
어떤 점토 시료에 관해서 압밀 배수조건으로 삼축압축시험(CD시험)을 하였더니, 표와 같은 결과를 얻었다. 이 흙의 전단정수(점착력 c_d, 내부마찰각 ϕ_d)를 구하라.

샘플	①	②	③
구속압(=압밀응력) σ_3[kN/m²]	100	200	300
피스톤에 의한 압축응력 σ (=$\sigma_1-\sigma_3$) [kN/m²]	156	277	401

(개념)
샘플 ①~③의 최대 주응력 σ_1=피스톤에 의한 압축응력 σ+구속압 σ_3에서 구하여, 각각의 σ_1과 σ_3에서 모어의 응력원을 그려서, 공통접선인 종축절편에서 점착력 c_d, 경사로 내부마찰각 ϕ_d를 해독합니다.

[해답]
각 샘플의 최대 주응력 σ_1은,
① : $\sigma+\sigma_3 = 100+156 = 256$ kN/m²
② : $\sigma+\sigma_3 = 200+277 = 477$ kN/m²
③ : $\sigma+\sigma_3 = 300+401 = 701$ kN/m²
이 된다.

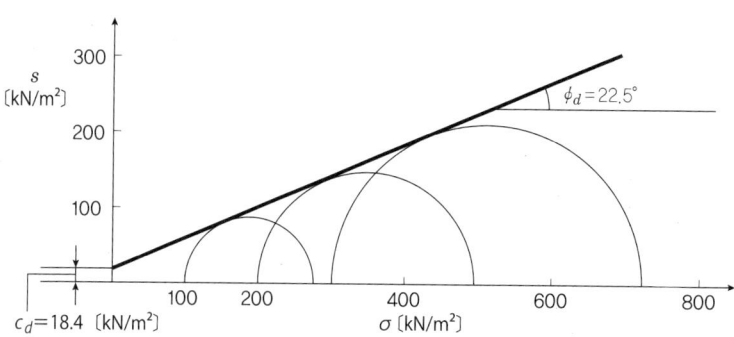

따라서, 모어의 응력원은 그림처럼 되어, 점착력 $c=18.4$kN/m², 내부마찰각 $\phi=22.5°$

■ 예민비 계산 (일축압축시험)

> [예제 3]
> 어떤 교란되지 않은 포화점토에 관해서 일축압축시험을 하였더니, 일축압축강도는 220kN/m²이 얻어져, 이 점토를 반죽한 후의 일축압축강도는 40kN/m²이 되었다. 이 점토의 비배수 전단강도 s_u와 예민비 S_t를 구하라.

[해답]
비배수 전단강도 s_u는 식에서

$$s_u = \frac{q_u}{2} = \frac{220}{2} = 110 \text{kN/m}^2$$

이 된다.

예민비 S_t는 식에서

$$s_t = \frac{q_u}{s_{ur}} = \frac{220}{40} = 5.5$$

가 된다.

■ 액상화의 발생요인과 방지대책

포화상태의 모래지반에 지진과 같은 급격한 반복적인 힘이 가해지면, 과잉간극수압이 증대하여 유효응력이 소실됩니다. 이 때 지반 내에서는 흙입자 간의 맞물림이 풀리고, 입자가 수중에 뜬 상태가 되어 '액상화'가 발생합니다. 지반 내의 액상화현상을 직접 관찰할 수는 없지만, 맨홀의 부상과 전신주의 침하, 간극수와 모래 입자가 한꺼번에 분출하는 분사 현상 등을 통해, 액상화 발생임을 알게 됩니다. 액상화의 주된 발생요인과 방지대책을 다음과 같이 정리합니다.

(1) 액상화의 발생요인
1. 입경, 입도 분포
　세립분이 적고, 입경이 갖춰진 가는 모래와 실트질의 모래 등에서 발생하기 쉽다 (굵은 모래와 자갈이라도 불투수층 사이에 끼어 있는 경우에는 과잉간극수압이 증대하여 액상화가 발생할 가능성이 있다).
2. 초기 유효응력
　토피압과 재하중 등으로 인해 지반에 작용하는 응력이 클수록 발생하기 어렵다.
3. 밀도
　모래지반이 느슨한 상태에 있을수록 마이너스의 다이레이턴시로 인해 발생하기 쉽다.
4. 지하수위
　하도(河道)만이 아니라 과거의 하천부지와 매립지, 부채꼴 모양의 땅과 삼각주 등의 지하수위가 얕은 지역에서 발생하기 쉽다.
5. 지진의 규모와 지속 시간
　지진의 진도가 클수록, 또 지속 시간이 길수록 발생하기 쉽다.

(2) 액상화 방지대책

　액상화 발생을 방지하거나 이로 인한 피해를 경감하려면 액상화의 발생요인을 완화하는 것이 효과적입니다. 이를 위한 액상화 대책은 지반을 다지는 대책, 지반으로부터 물을 빼내는 대책으로 크게 분류되며, 진동과 충격으로 지반을 다지는 '샌드 컴팩션 파일 공법'과 '바이브로플로테이션(vibrofloatation) 공법', 과잉간극수압이 소산되기 쉽도록 쇄석 등으로 된 기둥을 지반 속에 설치하는 '그라베르 드레인(Graber drain) 공법' 등의 대책 공법이 개발되었습니다.

	지반 대책			구조물 대책
기본 원리	지반을 다진다. 밀도를 증가시키다.	지반을 고화한다. 안정제로 굳힌다.	지반에서 물을 빼낸다. 우물을 파서 물을 길러 낸다.	파일 등으로 강화 단단한 지반에까지 닿는 파일
적용 대상	• 신설 건조물 • 직하 지반	• 신설 건조물 • 기존 건조물 • 직하 지반 • 주변 지반	• 신설 건조물 • 기존 건조물 • 직하 지반	• 건조물 기초 • 안벽(岸壁) 등 ※기본적으로 신설
효과	• 대규모 지진△	• 대규모 지진○ • 내진 보강○	• 대규모 지진△ • 내진 보강○	• 대규모 지진○ • 내진 보강○
경제성	비교적 저가	확실하지만 고가	저가이지만 변형이 발생할 가능성이 있다.	측방 유동(횡이동)대책에는 고가

제7장 지반의 안정지지 문제?

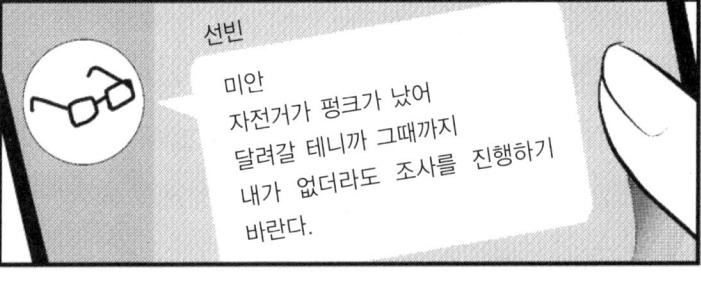

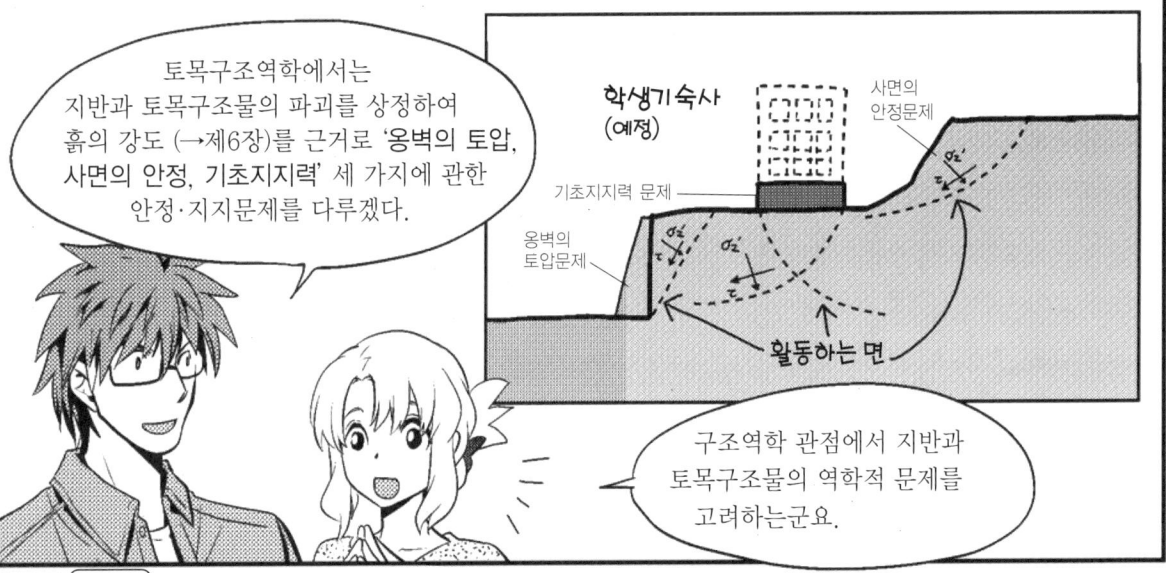

7 ① 옹벽의 토압이란?

※1 '토압'은 '유효응력'으로 인해 정의된다.

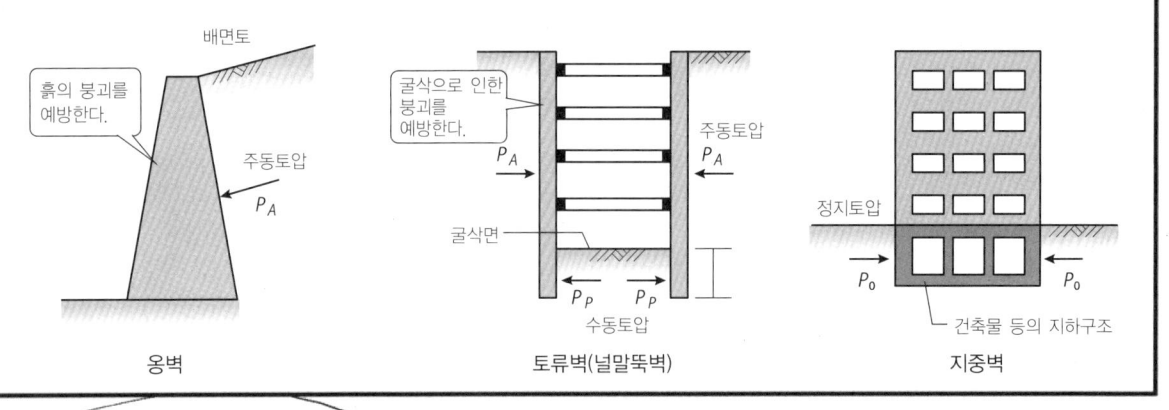

정답이야! 이처럼 벽체에 작용하는 토압은, 토압계수 K를 이용하여 나타내며, 이 K가 토압을 산정하는 열쇠가 되는 거야. 다음으로, 벽체 이동에 대응한 토압의 개념은 다음의 세 가지로 크게 분류하고 있어.

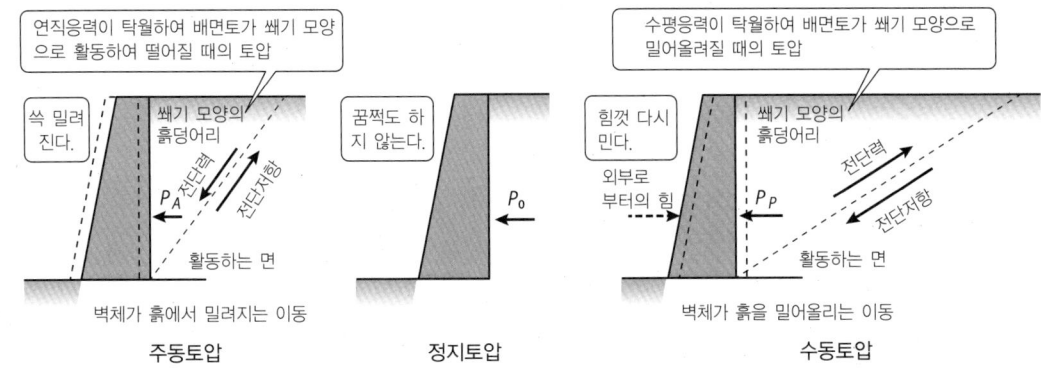

 먼저, 벽체가 이동하지 않고 토압을 받아들이는 상태를 '정지상태'라고 하는데, 이때의 토압을 '정지토압 P_0', 토압계수를 '정지토압계수 K_0'라고 하지.

 흙이 다가와 기대는데도 꿈쩍도 하지 않고 받아들인다…앗, 옆에서 졸고 있는 사람이 다가와 기대고 있는 느낌이군요.

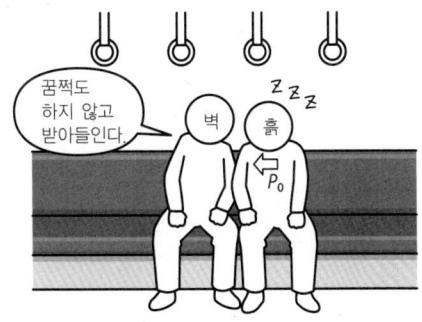

 아하하하, 정지토압계수 K_0는 지반을 탄성체로 가정하여 연직방향의 응력 σ_v', 수평방향의 응력 σ_h', 푸아송비 ν[4]를 통해

$$K_0 = \frac{\sigma_h'}{\sigma_v'} = \frac{\nu}{(1-\nu)}$$

이 되는 거야. 정규압밀상태의 흙에 관해서는 야키(Jaky)의 경험식이 이용되고 있지.

$$K_0 = 1 - \sin \phi'$$

---

[4] 푸아송비는 탄성한계 내에서 응력을 가한 때의 응력방향의 세로변형과, 응력과 직각방향의 가로변형의 비(가로변형/세로변형으로, 사질토에서 1/3, 점성토에서 1/2 정도이다.

다음으로, 벽체가 배면토에서 멀어지듯이 이동하는 상태를 '주동상태'라고 하는데, 이 때의 토압을 '주동토압 P_A', 토압계수를 '주동토압계수 K_A'라고 하는 거야.

 벽체가 멀어진 순간, 갑자기 압력이 작아질 것 같네.

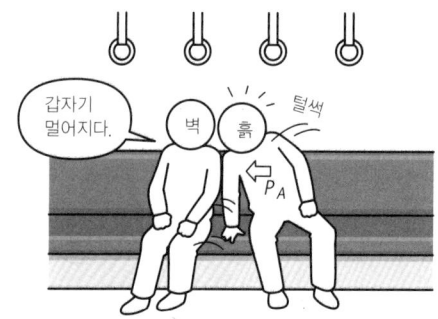

 마지막으로, 벽체가 배면토를 압축하듯이 이동하는 상태를 '수동상태'라고 하는데, 이 때의 토압을 '수동토압 P_P', 토압계수를 '수동토압계수 K_P'라고 하지.

 벽체가 흙을 다시 밀면 갑자기 압력이 커질 수도 있겠네.

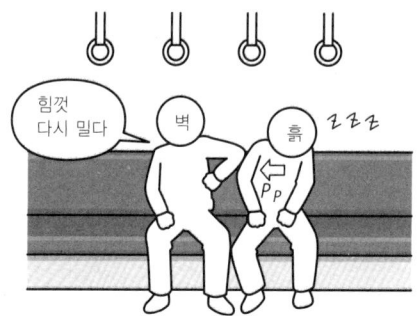

 그럼, 벽체가 된 심정으로, 정지토압 P_0, 주동토압 P_A, 수동토압 P_P의 크기를 비교하면 어떻게 될까?

 에-또, 벽이 된 심정이므로, 꿈쩍 않고 받아들이는 정지토압 P_0에 비해…, 갑자기 멀어지는 주동토압 P_A는 작고, 힘껏 다시 미는 수동토압 P_P는 크다?

바로 그거야. 세 가지 토압은 '주동토압 P_A < 정지토압 P_0 < 수동토압 P_P'의 관계에 있는 거지. 주동상태에서는 벽체가 흙에서 멀어지면 서서히 정지토압 P_0부터 감소하고, 수동상태에서는 벽체가 흙을 압축하면 서서히 정지토압 P_0부터 증가하지만, 어느 것이나 어느 정도의 변위에서 거의 일정하게 되지.

 여기서 주동상태에서의 토압 p_h의 최소값을 주동토압 P_A, 수동상태에서의 최대값을 수동토압 P_P라고 하는 거야[※5].

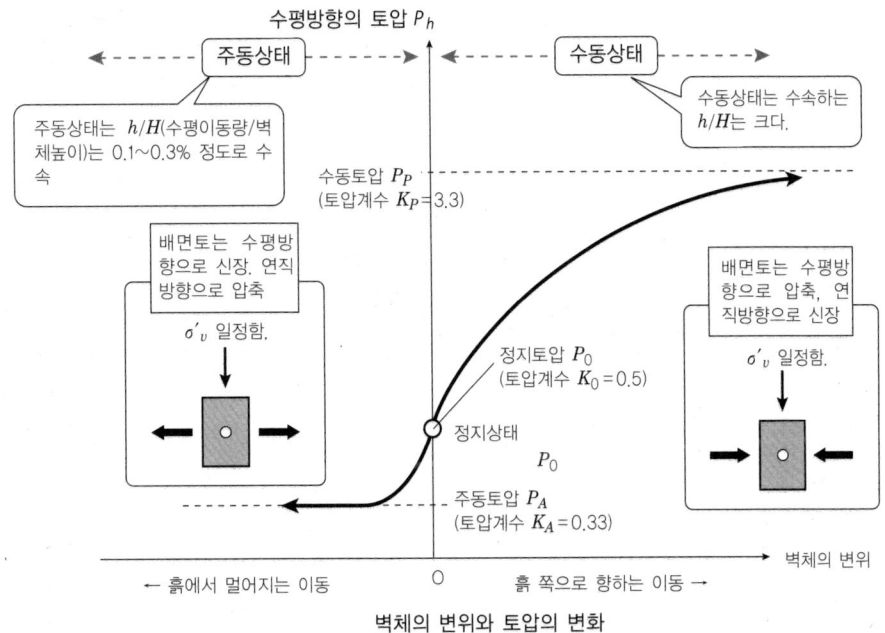

벽체의 변위와 토압의 변화

 실제로는, 어떤 상황에서 어느 토압을 고려하는 건가요?

 이를테면 건축물 등의 지중벽은 이동을 고려할 수 없기 때문에 정지토압 P_0을, 옹벽은 일반적으로 배면토에서 멀어지는 방향으로만 이동할 수 있으므로 주동토압 P_A을, 널말뚝벽 같은 근입부(p.224)에는 수동토압 P_P을 이용하여 설계하는 거야.

[※5] 벽체에 주동토압 P_A와 수동토압 P_P가 작용할 때, 배면토는 전단파괴를 발생시키는 극한상태(미끄러짐을 발생시키지 않으려고 하는 힘과 활동에 저항하려고 하는 힘이 균형있게 평형되어 있는 상태)에 있기 때문에, 이런 토압(P_A, P_P)은 '극한토압'이라고도 한다.

7.2 쿨롱과 랭킨의 토압론

 토압에도 여러 종류 있다는 것은 알겠는데, 이론적으로는 어떻게 고려하는 건가요?

 고전적인 토압론을 대표하는 방법으로는 '쿨롱의 토압론'과 '랭킨의 토압론'이 유명하지 (→p.264).

 1773년에 발표된 쿨롱의 토압론에서는 다음의 ①~③을 전제로, 거시적인 시점에서 벽면 전체에 작용하는 극한토압의 계산식을 이끌어낸 거야.

① 배면토는 균질하며 내부마찰각 ϕ이 있어서, 점착력 $c=0$의 사질토를 대상으로 한다.
② 벽체 이동으로 인해 배면토에 발생하는 활동(滑動 : 미끄럼)하는 면은 평면(단면이 직선 모양)으로, 쐐기모양(V자 모양)의 흙덩어리가 이 면을 따라 활동한다.
③ 쐐기 모양의 흙덩어리를 강체로 하여, 단위 안길이 당에 관해 고려한다.

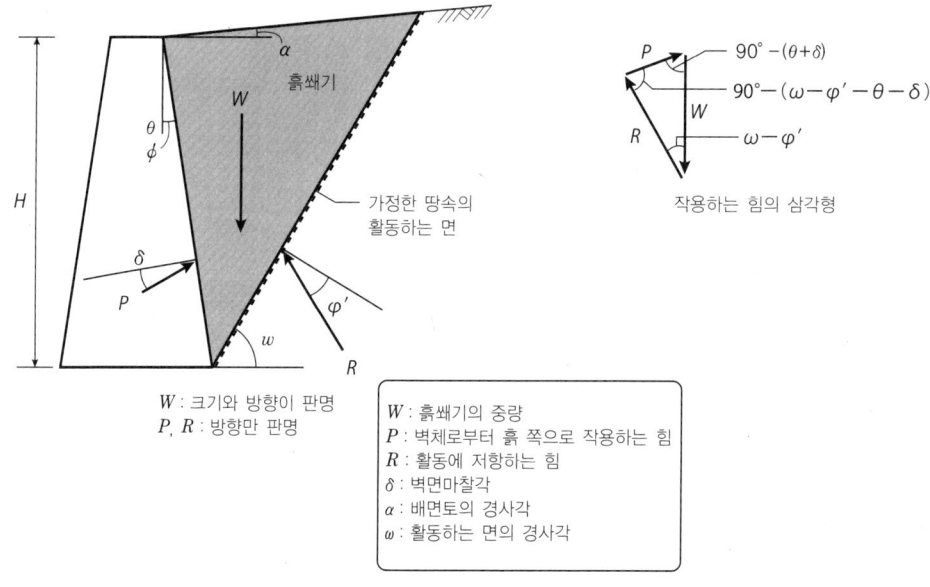

쿨롱의 토압론 개념 ($c'=0$)

쿨롱(Coulomb)은 관찰 결과를 근거로 벽체 배면에 쐐기 모양의 흙덩어리를 가정하여, 이것이 활동하는 면을 따라 파괴하는 순간의 극한토압 산정법(극한평형법)을 제시한 거야[※6].

 흙쐐기를 가정한다 하더라도…, 활동하는 면의 각도에 따라 여러 가지겠죠?

 맞아 맞아. 벽체에 미치는 토압의 합력을, 흙쐐기에 작용하는 힘의 균형을 통해 구하지만, 이것은 활동하는 면의 각도로 변하지. 그러므로, 여러 가지 활동하는 면을 가정하여, 그 중에서 흙쐐기가 활동하여 떨어지는 데 최대의 토압이 작용하는 각도를 주동상태의 파괴활동하는 면(주동활동하는 면), 그 토압을 주동토압 P_A으로 하는 거야.

 수동토압 P_P는?

 마찬가지로 가정한 활동하는 면 속으로부터, 그 속에서 흙쐐기가 밀어올려지는 데도 최소의 토압이 작용하는 각도를 수동상태의 파괴 활동하는 면(수동 활동하는 면), 그 토압을 수동토압 P_P로 하는 거야. 그리고, 쿨롱의 토압론은 랭킨의 토압론보다도 적용 범위가 광범위하여 벽체의 마찰과 경사, 배면토 표면의 경사를 고려하고 있지.

 랭킨의 토압론은?

 한편, 쿨롱의 토압론보다도 80년 쯤 후(1857년)에 발표된 랭킨의 토압론에서는 ①~⑤을 전제로 흙요소 작용하는 극한토압의 산정법을 이끌어낸 거지.

① 벽면이 수직이며 또한 마찰을 발생시키지 않는 것으로 하여 배면토 내부의 응력상태를 고려한다.
② 배면토 내부의 응력상태는 동일한 깊이의 모든 장소에서 일정하다.
③ 배면토 전체가 소성(塑性)으로, 파괴 직전의 상태(소성평형상태)에 있다.
④ 배면토 표면은 수평이며, 무한히 펼쳐져 있다.
⑤ 모어, 쿨롱의 파괴 규준($\tau_f = \sigma'_f \cdot \tan \phi'$)에 근거하여 고려한다.

※6 벽체 배면에 삼각형 흙쐐기를 가정하기 때문에 '흙쐐기론'이라고도 한다.

랭킨의 토압론에서는 배면토를 점착력 $c=0$의 분체(粉體)로 여기며, 배면토 내부의 응력상태가 파괴선과 응력원의 접점에 해당한다고 가정하여, 극한토압의 산정법을 보여준 거지.

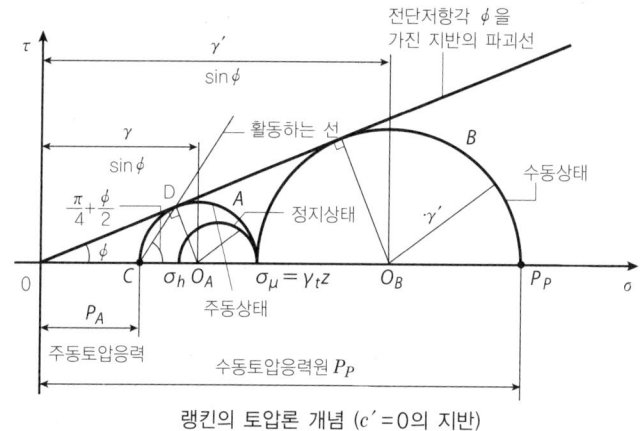

랭킨의 토압론 개념 ($c'=0$의 지반)

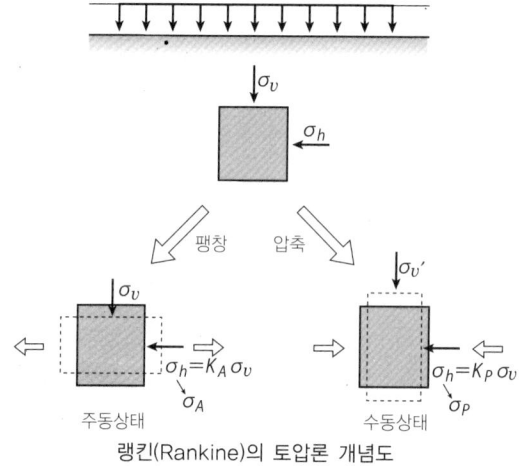

랭킨(Rankine)의 토압론 개념도

 쿨롱은 흙쐐기로 거시적인 시점, 랭킨은 응력원을 이용한 극미한 시점에서 토압을 파악한 거군요.

 그렇지. 랭킨의 토압론은 본래 연직면에 작용하는 땅속의 토압을 구하는 것이지만, 땅속의 경계면을 벽면에 치환함으로써, 벽면 토압의 합력을 구하는 방법으로써 응용되는 거야. 토압분포와 작용점을 이론적으로 구할 수 있으므로 광범위하게 이용되고 있으며, 그 후 레살(Resal)이 점착력 $c \neq 0$의 배면토에도 적용할 수 있도록 개량하였지. 이런 토압론은 옛적에 구축된 변형되지 않는 벽체에 대응한 것이지만, 그 후 조건에 따른 개량이 가해져, 오늘날에도 토압론의 주류를 이루고 있지.

7 ❸ 사면의 안정이란?

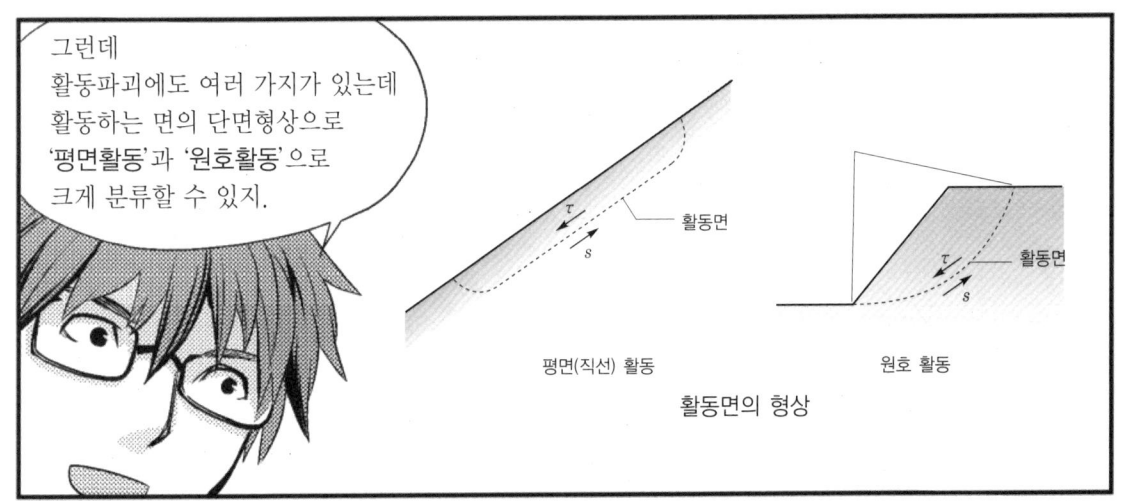

활동면의 형상

※7 긴 범위(활동) 길이 L가 활동하는 면의 깊이 H에 대해 충분히 큰 경우)에 걸쳐 일정한 기울기와 두께로 균질한 토층이 분포된 사면을 '무한장사면(無限長斜面)'이라고 하는데, 활동면은 지표면에 거의 평행한 면에 발생한다.

토질과 지반 조건에 따라 활동면의 형상이 다른 거야···.

 활동면의 형상은 직선이나 원호 뿐인가요?

 자연사면에서는 땅 속의 수로나 암반의 형상에, 인공사면에서는 지반 구성 등으로 인해 직선과 원호를 합친 '복합활동'이 발생하는 거지만, 이런 경우도 활동면을 단순화하여 안전성 검토를 쉽게 할 수 있게 되는 거지.

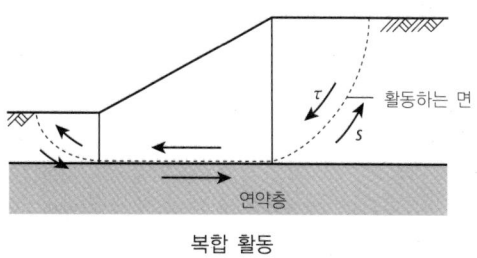

복합 활동

 활동면을 단순한 형태로 가정하여, 안전성을 고려하는 거군요.

 게다가, 원호활동은 그 발생위치에 따라 '선단파괴, 저부파괴, 사면내파괴' 세 가지로 구별되지.

 먼저 선단파괴는 활동면의 하단이 사면선을 지나가는 파괴형태로, 이 때의 활동원은 '선단원'이라고 하지. 선단에서는 응력이 집중되기 쉬운 데다가 토피압이 작아 마찰저항의 발휘는 기대할 수 없어. 이 때문에 점착저항이 작은 사질토와 견고한 점성토로 이루어지는 급경사의 사면에서는 선단파괴가 쉽게 된다고 할 수 있지.

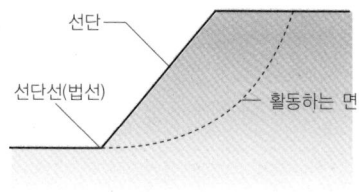

선단파괴

다음으로 저부파괴는 활동면(滑動面)의 끝이 사면선보다도 전방을 지나가는 파괴형태로, 이 때의 활동원은 '중점원'[※8]이라고 하는 거야. 연약 지반 위에 점착저항이 큰 점성토로 완경사의 성토가 구축된 경우 등에는 활동면이 사면선의 전방으로부터 성토 아래의 깊은 위치를 지나 발생하기 쉬운 것이지.

 또 얕은 위치에 견고한 지층이 있는 경우, 저부파괴의 활동면이 이 지층에 만나는 형태에서 발생하므로, 원호의 위치는 이 층의 깊이로 결정된다고 할 수 있지.

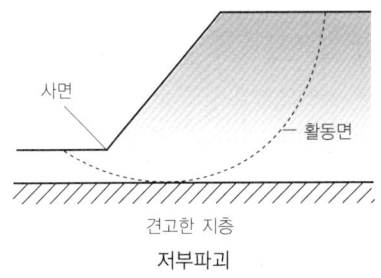

저부파괴

 마지막으로, 사면내파괴는 활동면의 끝부분이 사면의 중간을 지나가는 파괴형태로, 이 때의 활동원은 '사면내원'이라고 하지. 사면선 파괴의 특수한 형태라고 할 수 있지만, 저부파괴를 발생시키는 사면에서도 견고한 지층이 지극히 얕은 위치에 있는 경우에는, 활동면이 사면내로부터 발생하는 수가 있지.

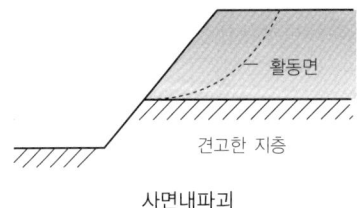

사면내파괴

 에-또 즉…, 사면의 활동파괴를 활동면의 발생위치에서 사면선, 저부, 사면내로 구별하는 거군요.

※8 저부(밑바닥)파괴에서는 사면이 단순한 경우, 원 중심을 지나가는 연직선이 사면의 중점을 지나가는 곳에 특징이 있다.

7.4 사면의 안정해석

그러면 이제, 사면의 안정성을 고려해 보자. 법면 설계와 평가에서는 안정성을 확보하기 위해 '사면의 안정해석'이라는 계산법이 이용되는 거지. 개념은 '극한평형법'과 '응력해석법' 두 가지가 있어.

극한평형법은 쿨롱의 토압론에서도 들은 듯한…분명히, 흙덩어리가 활동하여 떨어지는 순간이 '극한'이고, 힘의 균형이 '평형'이죠.

바로 그거야. 극한평형법은 토질과 지반 구성을 근거로 활동하는 면을 가정하여, 극한평형상태를 상정한 활동파괴의 '안전율 F_s'[※9]를 산출하여 검토하는 방법인 거야[※10].

안전율 F_s?

안전율 F_s는 활동면에 작용하는 '활동하게 하려는 활동력의 합계'와 '활동하지 않게 하려는 저항력의 합계'의 비로 나타나는 안전성의 지표이지.

$$F_s = \frac{\text{활동하지 않으려는 저항력(전단강도 } s\text{)의 합계} \Sigma s}{\text{활동시키려는 활동력(전단응력 } \tau\text{)의 합계} \Sigma \tau}\text{[※11]}$$

극한평형법에서는 하나의 사면에 여러 개의 원호를 가정하여, 안전율 F_s가 최소가 되는 원호(임계원)를 찾아내어, 그 사면(斜面)의 안전율 F_s(최소안전율)로 하는 거야 (→ p.268).

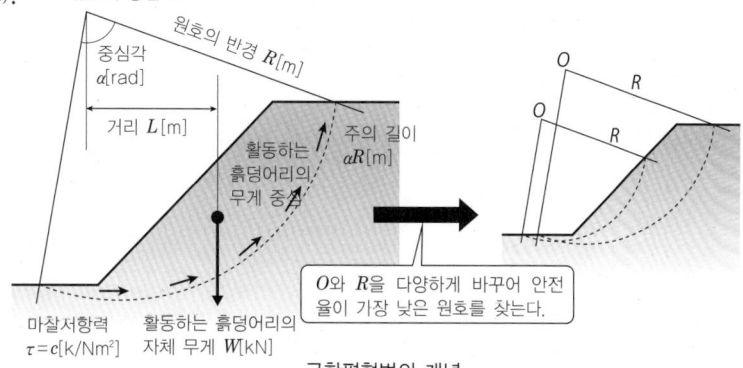

극한평형법의 개념

※9 일반적인 사면에서 안전율은 1.2 이상을 필요로 하며, 대규모의 필 댐에서는 1.2~1.3 정도를 최소의 필요안전율로 하고 있다.
※10 안정된 사면은 극한평형상태가 아니기 때문에, 안정 해석에서는 활동하는 면 위의 전단강도 s를 감(減)하여 극한평형상태를 상정한다.
※11 '원호활동법' (→p.268)에서는 저항력, 활동력 모두 원호 중심 O에 대한 모멘트력을 고려한다.

사면은 활동파괴의 위험성이 가장 높다. 즉, 안전율 F_s이 최소의 면에서 붕괴될 때의 안전성을 극한 평형상태에서 검토하는 거군요.

 다음으로, 응력해석법에서는 지반 내의 각점에 발생하는 응력과 변형을 산출하여 전단변형이 큰 점을 연결하여 활동면을 추정하고, 그 면에 작용하는 전단응력 τ과 전단저항 s의 관계를 통해 안전성을 평가하지.

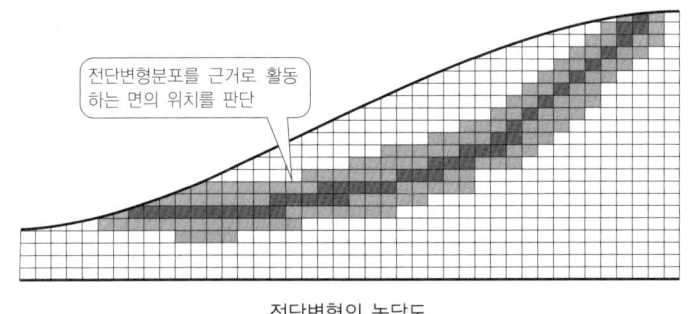

전단변형의 농담도

 그런 계산, 계산기로는 엄청 힘들 것 같은….

 이 방법으로는 유한요소법 등의 수치해석법이 이용되지만, 해석 정밀도를 높이기 위해 다양한 아이디어를 내놓고 있지.

 아무튼, 안전 해석에서는 대상으로 삼는 사면의 실태와 특성을 근거로 적절한 방법을 선택하는 것이 중요하지.

 그럼 일반적인 극한평형법을 이용하여 어떤 활동면에서의 직선활동과 원호활동의 안전율 F_s을 고려해 보자.

※12 응력해석법에서는 대상으로 삼는 땅 활동에서의 불연속면의 취급으로 인해, 유한요소법, 개별요소법(個別要素法), 강성 스프링 모델 등의 방법을 적절히 선택한다.

무한사면(無限斜面)에 평행하는 평면(거리 L)을 활동면으로 한 경우, 먼저 활동면을 따라 단위 거리(1m) 멀어진 연직선(ab, cd)에 둘러싸이는 단위 안길이(1m)의 흙덩어리를 고려해 보자.

이 때 흙덩어리와 만나는 단위 거리(bd), 단위 안길이 당 활동면에 작용하는 수직응력 σ과 전단응력 τ은?

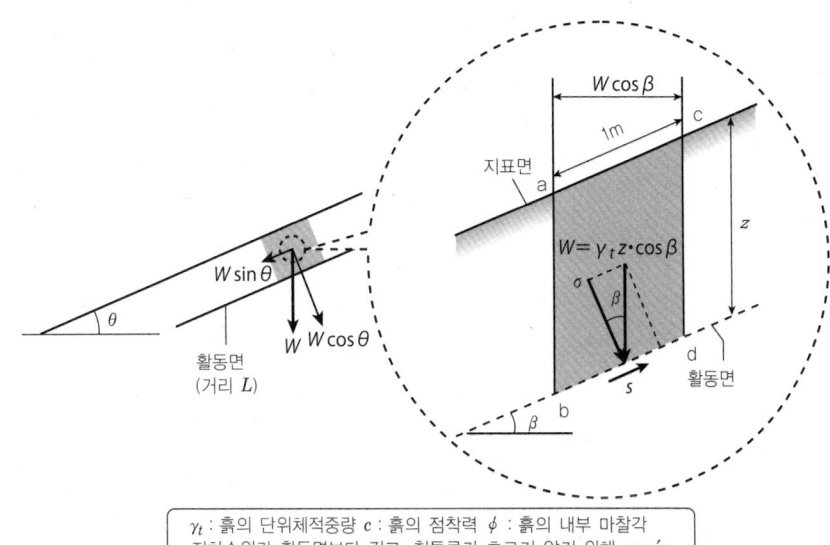

평면활동의 안정 해석

 흙덩어리의 중량 W이 활동면(경사각 β)에 대해 수직으로 작용하는 수직응력 $\sigma=(W\cos\beta)/L$에서 평행으로 작용하는 전단응력 $\tau=(W\sin\beta)/L$이므로 이렇게 되는 건가요?

$$\text{수직응력} \quad \sigma = \frac{W \cdot \cos\beta}{L} \quad (= \gamma_t \cdot z \cdot \cos^2\beta) \ [\text{kN/m}^2]$$

$$\text{전단응력} \quad \tau = \frac{W \cdot \sin\beta}{L} \quad (= \gamma_t \cdot z \cdot \cos\beta \cdot \sin\beta) \ [\text{kN/m}^2]$$

 바로 그거야! 계속해서 이 흙의 전단강도 s는?

전단강도 s는 모어(Mohr), 쿨롱(Coulomb)의 파괴기준(p.198)에 수직응력 σ을 대입하여, 이렇게 되네.

$$\text{전단강도 } s = c + \sigma \cdot \tan\phi = c + \frac{W \cdot \cos\beta}{L} \tan\phi \quad [\text{kN/m}^2]$$
$$(= c + \gamma_t z \cdot \cos^2\beta \cdot \tan\phi)$$

 그럼, 이 활동면의 안전율 F_s은 어떨까?

 안전율 F_s은 '전단강도 s의 합계' / '전단응력 τ의 합계'이므로, 전단응력 τ과 전단강도 s에 활동면의 거리 L를 곱하여, 이렇게 되나?

$$F_s = \frac{\Sigma s}{\Sigma \tau} = \frac{s \cdot L}{\tau \cdot L} = \frac{c \cdot L + W \cdot \cos\beta \cdot \tan\phi}{W \cdot \sin\beta}$$

 정답이야! 게다가 이것을 단위체적중량 γ_t를 이용하여 나타내면 이렇게 되는 거야.

$$F_s = \frac{c \cdot L + \gamma_t z \cdot L \cdot \cos^2\beta \cdot \tan\phi}{\gamma_t z \cdot L \cdot \cos\beta \cdot \sin\beta} = \frac{c}{\gamma_t z \cdot \cos\beta \cdot \sin\beta} + \frac{\cos\beta \cdot \tan\phi}{\sin\beta}$$
$$= \frac{2c}{\gamma_t z \cdot \sin 2\beta} = \frac{\tan\phi}{\tan\beta}$$

 어느 식이나 흙의 점착저항과 마찰저항이 작을수록 안전율 F_s이 작아진다는 것을 알 수 있지. 게다가 점착력 $c = 0$의 사질토로 된 경우, 안전율 F_s은

$$F_s = \frac{\tan\phi}{\tan\beta}$$

이 되어 안전율을 검토하면?

 안전율 $F_s < 1$이면 미끄러지므로… $F_s > 1$을 충족시키려면 $\phi > \beta$?

 바로 그거야! 점착력 $c = 0$의 사면에서 평면활동이 발생하지 않기 위해서는, 사면의 경사각 β이 흙의 내부마찰각 ϕ 보다도 작은 것이 조건이 되는 거야.

여기서 안정해석에 이용되는 점착력 c와 내부마찰각 ϕ는 일반적으로, 전단시험을 통해 구하는 거지만, 연약한 점성토 지반 위에 성토를 구축한 경우, 성토 직후에는 비배수조건, 장시간 경과 후에는 배수조건에서 검토할 필요가 있으므로, 현장 상황에 따라 시험조건을 분별하여 사용한다는 점에 유의해야 한다(p.204).

 그러면 다음으로, 유한장사면에 가정한 원호활동면을 생각해 보자. 원호활동에 관해서 침투류가 없고 균질한 사면의 안정해석에는 테일러(Taylor)의 안정도(p.271)가 이용되지만, 불균질하거나 전단강도 s가 일률적이지 않은 경우에는 '절편법(슬라이스법)'[13]이 이용되는 거야.

 절편법?

 안정해석의 기본은, 조금 전의 가장 단순한 평면 활동이야. 이 개념을 보다 복잡한 원호활동에 응용하기 위해 절편법에서는 활동면 위의 흙덩어리를 연직방향으로 똑같은 폭 B로 분할하여 생각하지. 분할한 흙덩어리는 '절편'이라고 하며, 절편 간의 힘은 서로 균형을 이룬다 하여, 활동면에 작용하는 힘만을 고려하는 수법을 '간편법'이라고 하는 거지.

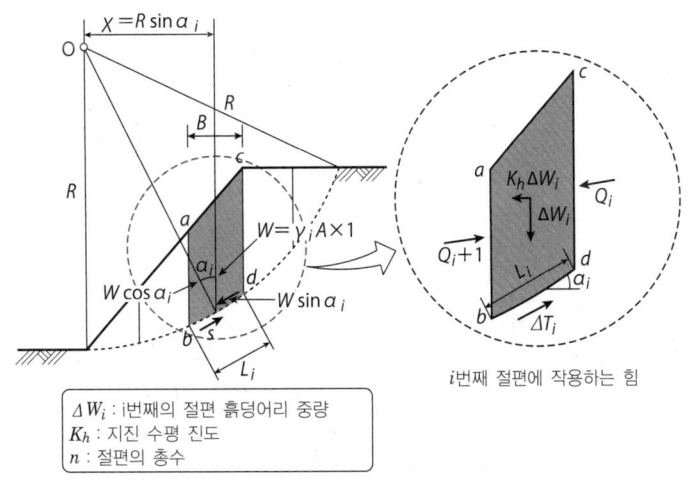

원호활동의 안정해석(분할법)

※13 절편간의 힘 등의 가정조건의 차이로 인해, 간편법(Fellenius법), Bishop법, Janbu법, Morgenstern-Price법 등의 방법이 제안되었다.

절편법에서는 복잡한 활동면을 단순한 형상으로 분할하여, 그것들을 더하여 근사치로 계산하는 거야.

그럼, 원호활동면을 따라 거리 L_i 멀어진 연직선(ab, cd)으로 둘러싸인 단위 안쪽까지의 길이(1m)의 절편 i(n개 중의 i번째)를 고려하자. 절편 i에 접하는 단위 거리, 단위 안쪽까지의 거리 당 활동면의 안전율 $F_s i$은?

흙덩어리의 중량 W_i이 활동면(경사각 α_i)에 대해서…라고, 조금 전과 똑같은 형태다!

수직응력 $\sigma_i = \dfrac{W_i \cdot \cos \alpha_i}{L_i}$ [kN/m²]

전단응력 $\tau_i = \dfrac{W_i \cdot \sin \alpha_i}{L_i}$ [kN/m²]

전단강도 $s = c + \sigma \tan \phi = c + \dfrac{W_i \cdot \cos \alpha_i}{L_i} \cdot \tan \phi$ [kN/m²]

$F_{si} = \dfrac{c \cdot L_i + W_i \cdot \cos \alpha_i \cdot \tan \phi}{W_i \cdot \sin \alpha_i}$

그러면, 원호활동면 전체의 안전율 F_s는?

모든 슬라이스($i=1\sim n$)의 활동면에 작용하는 '전단강도 s_i의 합계 Σs'/'전단응력 $\tau_i =$의 합계 $\Sigma \tau$'이므로 이렇게 되는군요.

$F_s = \dfrac{\Sigma_{i=1}^{n} (c \cdot L_i + W_i \cdot \cos \alpha_i \cdot \tan \phi)}{\Sigma_{i=1}^{n} W_i \cdot \sin \alpha_i}$

정답이야! 여기서 절편 i의 중량 W_i은 단위 안길이에서는 $W_i = \gamma_t A_i$(절편 i의 단면적 A_i)으로 구할 수가 있는 거야.

 그래서, 사면의 안전성에 관해서 그 검토방법을 이해했겠네? 참고로 말하자면 사면의 붕괴대책에는 물의 침입을 방지하는 등, 원인을 제거하는 '억제공'과 흙 그 자체를 강화하거나 파괴에 저항하는 구조물 등을 설치하는 '억지공'이 있지.

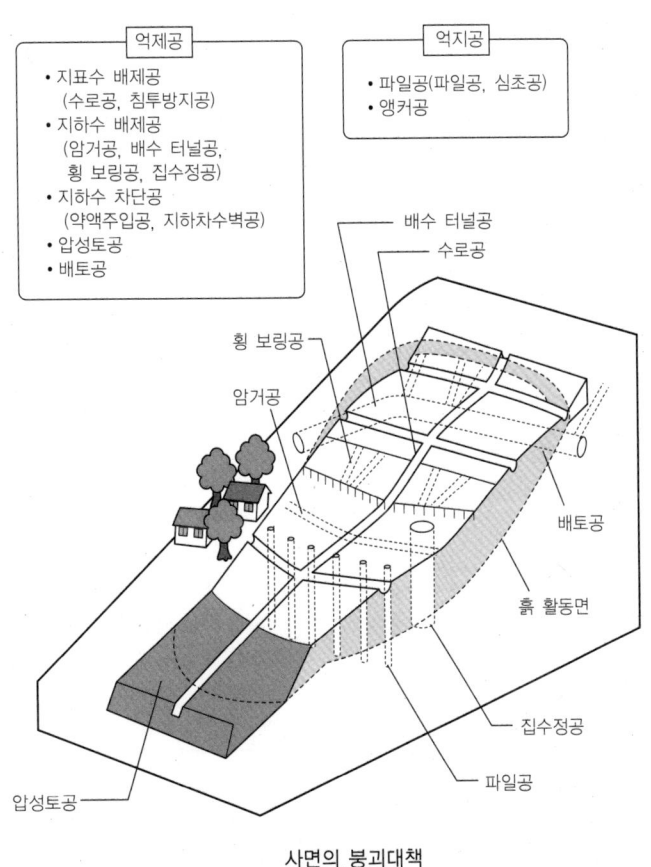

사면의 붕괴대책

 일본은 평탄한 지반이 적으므로, 사면의 붕괴대책은 대단히 중요하군요.

 사면도 많고 비도 많이 오고 해서….

7.5 기초 지지력이란?

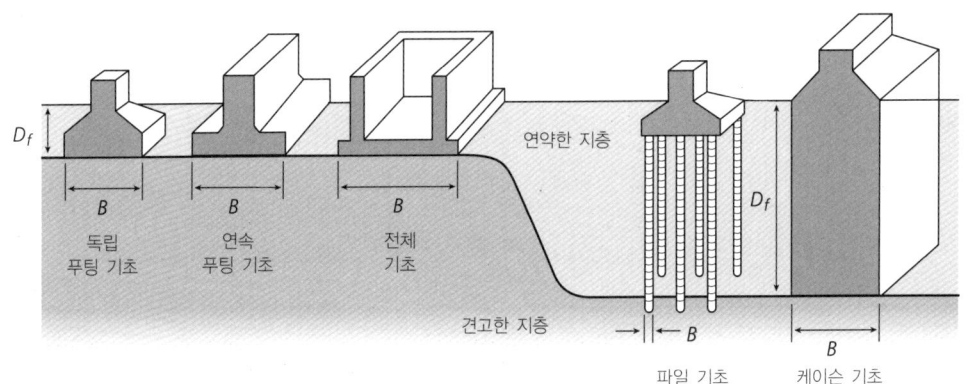

※15 단일의 기초 슬라브에서 하중을 전달하는 기초.
※16 구조물로부터 폭이 넓은 발을 몇 개 내놓아 하중을 전달하는 기초.

얕은 기초주면에서는 기초주면과 지반의 마찰을 기대할 수 없으므로 연직방향으로 작용하는 지지력의 대부분은 기초 밑바닥의 지반이 발휘하는 지지력에 의한 것이지.

얕은 기초는 표층을 지지층으로 하므로 숨은 공로자만이 믿음직한 거야….

얕은 기초

한편, 땅속 깊이까지 파일 등을 박아넣는 기초를 '깊은 기초'라고 하는데, 연직지지력은 파일 밑바닥이 받는 '선단 지지력'[17]과 기초 주면에 작용하는 '주면마찰력'으로 이루어지는 거지.

깊은 기초에는 기초 주면의 면과 지반의 경계에 마찰력이….

깊은 기초

깊은 기초는 표층이 연약하여 얕은 기초를 이용하는 것이 불가능한 경우 등에 채택되고, 하중의 크기와 지반 조건에 따라 '말뚝 기초'와 '케이슨 기초'가 선택되지.

※17 말뚝 기초의 경우에는 '선단지지력'이라고 한다.

※18 파일 기초는 공장에서 제작되는 '타입말뚝'과 현장에서 조성하는 '현장말뚝'으로 분류된다.
※19 케이슨 기초는 기초폭 B가 크고, $D_f/B<1$의 관계에 있어도 근입심 D_f가 상당히 크므로, 일반적으로 깊은 기초로 분류된다. 또 케이슨 기초에는, 압축공기를 불어넣으면서 지하수를 배제하여 굴삭하는 '뉴매틱 케이슨'과 케이슨 밑바닥을 대기압 하에서 굴삭하는 '오픈 케이슨'이 있다.

※20 파일은 연직으로 설치되는 수가 많지만, 수평력에 효과적으로 저항하기 위해 비스듬하게 설치된 파일을 '경사말뚝'이라고 하며, 연직 파일과 경사말뚝을 결합한 '조항 파일'로 이용하는 수도 있다.

7.6 지지력을 구하는 방법

※22 안정·지지문제는 어느 것이나 흙의 전단강도 s와 관련된 것이지만, 일반적으로 활동의 안정의 안전율 F_s=1.2~1.3임에 대해, 지지력의 안전율 F_s=3이 이용된다.

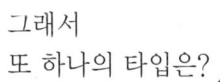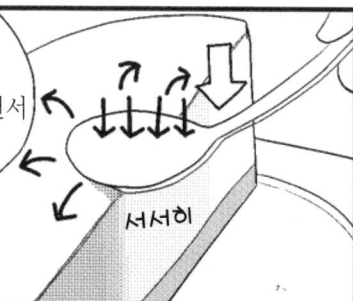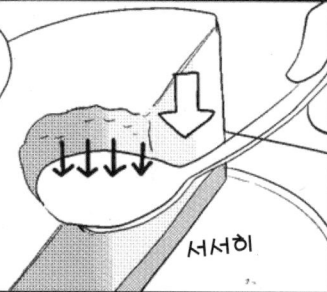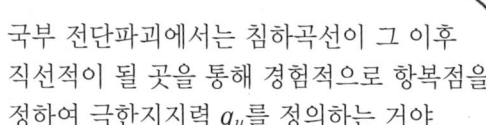

침하에는 재하와 거의 동시에 발생하는 '즉시침하'와 압밀로 인해 서서히 발생하는 '압밀침하'가 있어. 어느 것이나 구조물은 기능과 안전성 면에서 허용될 수 있는 침하량 S에 한도가 있으므로, '허용침하량 S_a'[※23]를 정하고, 이것을 상회하지 않는 하중강도 q의 범위에서 기초를 설계하는 거야.

 즉, 지반의 강도는 허용지지력 q_a, 변형은 허용침하량 S_a에 근거하여 기초의 안정을 검토하는 거군요.

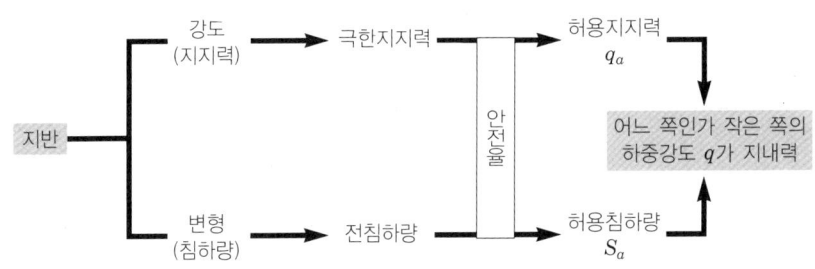

지지력과 침하 양면으로 비교하는 하중강도

 그렇지. 허용지지력 q_a과 허용침하량 S_a의 양쪽의 허용치 이내가 되는 하중강도 q, 즉 어느 쪽인가 작은 값을 지반의 지내력으로 고려하는 거지.

 작은 쪽의 값을 이용함으로, 지반의 강도와 변형 양면에서 기초의 안정성을 확보하는 거지.

 바로 그거야! 구조물 전체 중에서, 기초 코스트는 큰 비율을 차지하는 거야. 그러므로 어떤 기초에서 얼마만큼의 안정이 확보되는가를 분별하는 합리적인 설계법이 요구되는 거지.

그럼 얕은 기초를 대상으로 한 테르자기의 지지력 이론과 지지력 식을 소개하겠다.

 아무래도 어려울 것 같은데….

※23 한계상태 설계법에서는 극한지지력 q_u이 종국(終局)한계상태의 지지력에, 허용침하량 S_a이 사용한계상태의 지지력에 대응한다.
※24 허용지지력 q_a과 허용침하량 S_a 중, 작은 값을 '허용 지내력'이라고 하는데 지반의 지지력을 나타내 제시하는 수가 있다.

지지력이론은 지반의 지지력 기구를 단순화하고, 흙의 특성을 이상화하여 극한지지력을 이론적으로 계산하는 거지.

테르자기는 조밀한 모래지반 내에 근입심 D_f[m]에서 구축한 띠 모양의 기초(기초폭 B[m])에 관해서 등분포(等分布)하중 q(띠 모양 기초 중심으로 연직하중 Q[kN])을 받는 지반의 지지력 기구를 고려한 것이지.

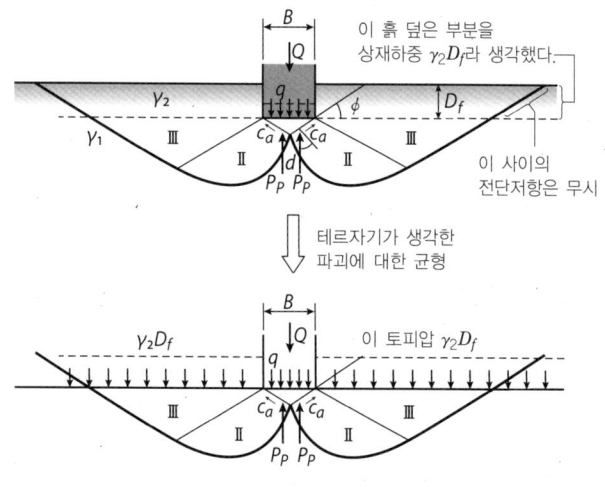

영역 Ⅰ : 주동 랭킨대라고 하며, 탄성 균형 상태.
영역 Ⅱ : 방사 전단영역으로, 푸팅 단에서 나오는 방사선과, 이것을 중심으로 하는 대수 나선으로 성립되어 있다.
영역 Ⅲ : 수동 랭킨대라고 하며, 푸팅의 길이 L이 폭 B에 비해 대단히 크다.

 여기서 기초 저면보다 위쪽의 흙(근입부분의 흙)은 전단저항력을 발휘하지 않는다고 가정한다.

 결국은…, 얕은 기초의 경우, 재하면보다 위쪽의 흙은 지지 지반이 아니라, 단순히 토피압 $p_0 = \gamma_2 D_f$의 상재하중 (압하중)으로 취급한다는 건가요?

 야 굉장하다, 바로 그거야. 기초폭 B에 비해 근입심 D_f이 큰 경우에는, 재하면보다 위쪽의 흙에도 전단저항력을 고려해야 하므로, 테르자기의 이론이 얕은 기초($D_f/B < 1$)를 대상으로 하는 것은 이 때문이지.

연직하중 Q을 서서히 증가시켜 가면, 지지 지반에 전달되는 하중강도 q와 더불어 침하량 S[m]이 증대하여, 이윽고 극한지지력 q_u에 이르렀다고 한다. 지지 지반은 어떻게 파괴되는 거지?

 조밀한 모래지반이므로, 전반전단파괴가 발생되는 건가?

맞아, 정답이야! 이 때의 지지 지반 내부의 상황을 고려해 보자. 기초에 작용하는 연직하중 Q의 증가와 더불어 기초 직하의 흙은 마찰력과 부착력에 구속되면서 기초와 일체화된 쐐기의 강체처럼 작용하여 영역 Ⅰ이 형성되는 거야[※25]

쐐기가 된 영역 Ⅰ은 기초와 더불어 직하로 처박히듯이 침하하여, 영역 Ⅱ와 영역 Ⅲ로부터 수동토압(→p.228)으로 인한 저항을 받는다. 이와 동시에 좌우의 영역 Ⅲ는 수평방향으로 밀어확장시키면서 압축하듯이 변형되어, 이윽고 수동파괴를 발생시키는 거야. 수동파괴된 영역 Ⅲ에서는 직선적으로 활동하는 면이, 영역 Ⅱ에는 부채꼴의 활동하는 면이 인정되지.

분명히…조금 전의 견고한 케이크도 이런 식으로 붕괴된 것인지도….

테르자기는 영역 Ⅰ에서의 연직방향의 힘의 균형으로부터, 지지지반의 극한지지력 q_u의 산정식을 이처럼 나타내었지.

$$q_u = cN_c + \frac{1}{2} \cdot \gamma_1 \cdot B \cdot N_\gamma + \gamma_2 \cdot D_f \cdot N_q \ [\text{kN/m}^2]$$

> q_u : 극한지지력 [kN/m²]
> c : 기초저면보다 아래쪽 (지지지반)의 흙의 점착력 [kN/m²]
> γ_1 : 기초저면보다 아래쪽 (지지지반)의 흙의 단위체적중량 [kN/m³]
> γ_2 : 기초저면보다 위쪽 (근입부분)의 흙의 단위체적중량 [kN/m³]
> B : 기초저면의 최소폭 [m]
> D_f : 기초의 근입심 [m]

우변의 세 가지 항목은 무엇을 나타내는 건가요?

각항의 N은?

우변의 제1항은 지지지반의 점착력 c에 영향을 받는 지지력, 제2항은 지지지반 자체의 무게로 기초폭 B에 영향을 받는 지지력, 제3항은 근입부분의 토피압 $p_0 = \gamma_2 D_f$를 고려한 근입심 D_f에 영향을 받는 지지력이야. 그리고 세 가지 항과 관련되는 N_c, N_γ, N_q는 '지지력계수'라고 하는 내부마찰 ϕ의 함수로, 이러한 항을 합하여 극한지지력 q_u를 구하는 거지.

※25 영역 Ⅰ의 깊이를 나타내는 각 α는 일반적으로 기초저면이 미끄러우면 $45° + \phi/2$가 되고, 기초저면이 거칠면 ϕ와 같아진다.

얕은 기초의 지지력은, 지지지반의 점착력 c, 기초폭 B, 근입심 D_f의 영향으로 분류하여 산정하는 거야.

게다가, 테르자기는 실험을 거듭하여 정사각형과 원형의 기초에 대응하는 지지력 식을 제안하자, 일본건축학회에서는 이것을 일반화한 산정식으로 확장하여 극한지지력 q_u를 구하기로 했어.

$$q_u = \alpha \cdot c \cdot N_c + \beta \cdot \gamma_1 \cdot B \cdot N_\gamma + \gamma_2 \cdot D_f \cdot N_q \ [\text{kN/m}^2]$$

α, β는 기초저면의 형상에 의해 정해지는 형상계수로, 표처럼 돼.

건축 기초 구조 설계 지침에서의 형상계수

형상계수	기초바닥면의 형상			
	연속	정사각형	직사각형	원형
α	1.0	1.3	$1.0+0.3 \cdot \dfrac{B}{L}$	1.3
β	0.5	0.4	$0.5-0.1 \cdot \dfrac{B}{L}$	0.3

B : 단변의 길이, L : 장변의 길이

이처럼 지반은 다소 복잡한 기구로 인해 지지력을 발휘하지만, 이런 산정식은 전반전단파괴를 대상으로 한 것으로, 국부전단파괴의 경우, 특정의 활동면은 발생하지 않고, 변형의 집중이 기초의 양쪽 끝 부근에 국부적으로 보이는 거지.

분명히 조금 전의 연약한 케이크도 그런 식이었군요.

그런데 파일 기초와 같은 깊은 기초의 경우는?

파일 기초의 재하시험에서는 실제의 파일을 이용하므로, 얻어진 침하곡선으로부터 지지력 등을 직접 구할 수 있는 거지. 하지만 재하시험 실시가 곤란한 경우에는, 지반조사와 토질시험 결과를 근거로 지지력 식을 통해 추정해.
또, 압밀침하가 발생하는 지역에서는 침하로 인해 파일에 '마이너스의 주면마찰력(negative friction)'이 작용할 가능성이 있으므로, 이것이 지지력과 침하량에 미치는 영향을 고려할 필요가 있지 (→ p.273).

Follow-up

■ 옹벽의 토압(Coulomb의 토압론)
(1) 쿨롱(Coulomb)의 주동토압 P_A

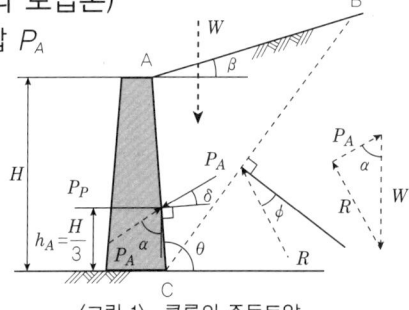

〈그림 1〉 쿨롱의 주동토압

벽체가 흙덩어리 ABC를 지탱하는 힘은 주동토압 P_A와 같게

$$P_A = \frac{1}{2} \gamma_t H^2 K_A \ [\text{kN/m}]$$

여기서 K_A는 쿨롱의 주동토압계수라고 하는데,

$$K_A = \left[\frac{\sin(\theta - \phi) \cdot \csc\theta}{\sqrt{\sin(\theta + \delta)} + \sqrt{\frac{\sin(\phi + \delta) \cdot \sin(\phi - \beta)}{\sin(\theta - \beta)}}} \right]^2$$

여기서 γ_t : 배면토의 단위 체적중량[kN/m], H : 벽체의 높이[m], θ : 벽체배면의 경사각[°], ϕ : 내부마찰각[°], δ : 벽면마찰각, β : 지표면의 경사각[°]을 나타냅니다. 또 배면토의 지표면이 수평($\beta = 0°$)이고 벽체배면의 경사각이 연직($\theta = 90°$), 벽면마찰각($\delta = 0°$)인 경우 주동토압 P_A는

$$P_A = \frac{1}{2} \gamma_t H^2 \tan^2\left(45° - \frac{\phi}{2}\right) \ [\text{kN/m}]$$

이 때 주동토압계수 K_A는

$$K_A = \tan^2\left(45° - \frac{\phi}{2}\right)$$ 이 되어 주동토압 P_A의 작용점 h_A는 벽체하단으로부터 $\frac{H}{3}$에 위치합니다.

(2) 쿨롱의 수동토압 P_p

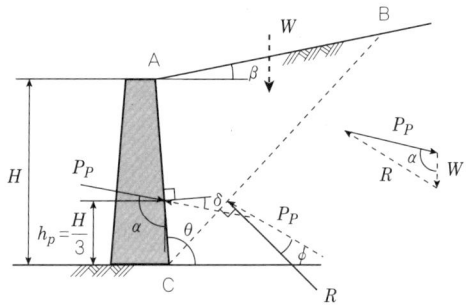

〈그림 2〉 쿨롱의 수동토압

수동토압 P_p는

$$P_P = \frac{1}{2} \gamma_t H^2 K_P \ [\text{kN/m}]$$

여기서 K_P는 쿨롱의 수동토압계수라고 하며,

$$K_p = \left[\frac{\sin(\theta+\phi)\cdot\csc\theta}{\sqrt{\sin(\theta-\delta)} - \sqrt{\frac{\sin(\phi+\delta)\cdot\sin(\phi+\beta)}{\sin(\theta-\beta)}}}\right]^2$$

또 배면토의 지표면이 수평($\beta=0°$)이고, 벽체배면의 경사각이 연직($\theta=90°$), 벽면마찰각($\delta=0°$)인 경우 수동토압 P_P는

$$P_P = \frac{1}{2}\gamma_t H^2 \tan^2(45° + \frac{\phi}{2}) \text{ [kN/m]}$$

이 때 수동토압계수 K_P는

$$K_p = \tan^2\left(45° + \frac{\phi}{2}\right)$$ 이 되어, 수동토압 P_P의 작용점 h_P는 벽체하단에서부터 $\frac{H}{3}$에 위치합니다.

[예제 1]
〈그림 1〉, 〈그림 2〉에서의 지표면이 수평($\beta=0°$)이고, 벽체배면이 연직($\theta=90°$)인 경우, 높이 $H=5$m의 벽체에 작용하는 쿨롱의 주동 토압 P_A와 수동 토압 P_p, 및 각각의 작용점 h_A, h_P를 구하라. 단, 배면토의 단위퇴적중량 $\gamma_t = 18$kN/m³, 내부마찰각 $\phi = 24°$, 벽면마찰각 $\delta = 0°$이다.

(개념)
$\beta = 0°$, $\theta = 90°$, $\delta = 0°$이기 때문에

주동토압계수 $K_A = \tan^2\left(45° - \frac{\phi}{2}\right)$, 수동토압계수 $K_P = \tan^2\left(45° + \frac{\phi}{2}\right)$이 되어, 주동토압 $P_A = \frac{1}{2}\gamma_t H^2 \tan^2\left(45° - \frac{\phi}{2}\right)$, 수동토압 $P_P = \frac{1}{2}\gamma_t H^2 \tan^2\left(45° + \frac{\phi}{2}\right)$의 식으로 구합니다.

[해답]
주동토압 P_A는

$$P_A = \frac{1}{2}\gamma_t H^2 \tan^2\left(45° - \frac{\phi}{2}\right) = \frac{1}{2} \times 18 \times 5^2 \times \tan^2\left(45° - \frac{24°}{2}\right) = 94.9\text{[kN/m]}$$

수동토압 P_p는

$$P_P = \frac{1}{2}\gamma_t H^2 \tan^2\left(45° + \frac{\phi}{2}\right) = \frac{1}{2} \times 18 \times 5^2 \times \tan^2\left(45° + \frac{24°}{2}\right) = 533.5\text{[kN/m]}$$이 된다.

주동토압 P_A의 작용점 h_A, 수동토압 P_P의 작용점 h_P는, 함께 벽체하단으로부터의 $H/3$에 위치하여

$$h_A = h_p = \frac{5}{3} = 1.7\text{m}$$이 된다.

■ 옹벽의 토압 (Rankine의 토압론)

(1) 랭킨의 주동토압 P_A

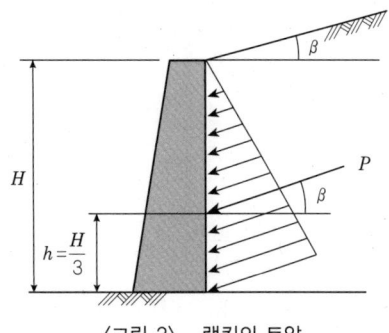

〈그림 3〉 랭킨의 토압

주동토압 P_A는

$$P_A = \frac{1}{2}\gamma_t H^2 \cdot \cos\beta K_A \text{ [kN/m]}$$

여기서 K_A는 랭킨의 주동토압계수라고 하는데,

$$K_A = \frac{\cos\beta + \sqrt{\cos^2\beta - \cos^2\phi}}{\cos\beta + \sqrt{\cos^2\beta - \cos^2\phi}}$$

이 됩니다.
또 배면토의 지표면이 수평($\beta=0°$)인 경우, 주동토압 P_A와 주동토압계수 K_A는
쿨롱의 토압론과 마찬가지로

$$P_A = \frac{1}{2}\gamma_t H^2 \tan^2\left(45° - \frac{\phi}{2}\right) \text{ [kN/m]}$$

$K_A = \tan^2\left(45° - \frac{\phi}{2}\right)$이 되어, 주동토압 P_A의 작용점 h_A는 벽체하단으로부터 $H/3$에 위치합니다.

(2) 쿨롱의 수동토압 P_P

수동토압 P_P는

$$P_P = \frac{1}{2}\gamma_t \cdot H^2 \cdot \cos\beta \cdot K_P \text{ [kN/m]}$$

여기서 K_P는 랭킨의 수동토압계수라고 하며

$$K_P = \frac{\cos\beta + \sqrt{\cos^2\beta - \cos^2\phi}}{\cos\beta - \sqrt{\cos^2\beta - \cos^2\phi}}$$이 됩니다.

또 배면토의 지표면이 수평($\beta=0°$)인 경우, 수동토압 P_P와 수동토압계수 K_P는 쿨롱의 토압론과 마찬가지로

$$P_P = \frac{1}{2}\gamma_t H^2 \tan^2\left(45° + \frac{\phi}{2}\right) \text{ [kN/m]}$$

$K_A = \tan^2\left(45° + \frac{\phi}{2}\right)$이 되어, 수동토압 P_P의 작용점 h_P는 벽체하단으로부터 $H/3$에 위치합니다.

(참고) 점착력이 있는 흙($c \neq 0$)의 경우

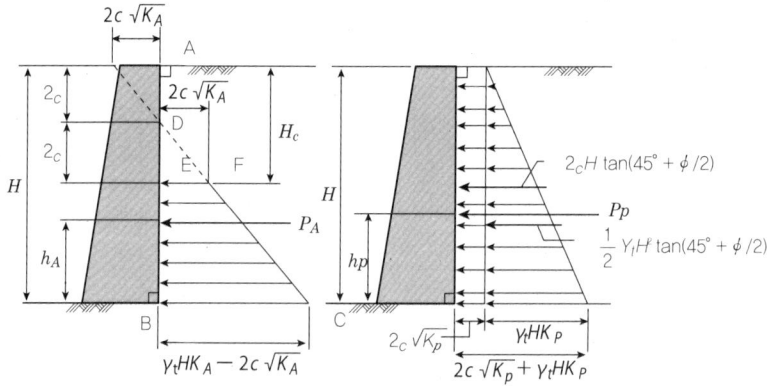

〈그림 4〉 점착력이 있는 흙인 경우의 랭킨의 토압

랭킨의 주동토압 P_A, 수동토압 P_P는

$$P_A = \frac{1}{2}\gamma_t H^2 \tan^2\left(45° - \frac{\phi}{2}\right) - 2C \cdot H \tan\left(45° - \frac{\phi}{2}\right) \text{ [kN/m]}$$

$$P_P = \frac{1}{2}\gamma_t H^2 \tan^2\left(45° + \frac{\phi}{2}\right) - 2C \cdot H \tan\left(45° + \frac{\phi}{2}\right) \text{ [kN/m]}$$

여기서, C = 점착력 [kN/m²]

주동토압 P_A, 수동토압 P_P의 작용점 h_A, h_p는(벽체하단으로부터의 거리 [m]는

$$h_A = \frac{1}{P_A}\left\{\frac{1}{2}\gamma_t H^2 \tan^2(45° - \frac{\phi}{2}) \times \frac{H}{3} - 2C \cdot H \tan(45° - \frac{\phi}{2}) \times \frac{H}{2}\right\} \text{ [m]}$$

$$h_P = \frac{1}{P_P}\left\{\frac{1}{2}\gamma_t H^2 \tan^2(45° + \frac{\phi}{2}) \times \frac{H}{3} - 2C \cdot H \tan(45° + \frac{\phi}{2}) \times \frac{H}{2}\right\} \text{ [m]이 됩니다.}$$

[예제 2]

〈그림 3〉, 〈그림 4〉에서 지표면의 경사각 $\beta=15°$, 벽체배면이 연직 ($\theta=90°$)인 경우, 높이 $H=5\text{m}$의 벽체에 작용하는 랭킨의 주동토압 P_A와 수동토압 P_p를 구하라. 단 배면토의 단위퇴적중량 $\gamma_t = 18\text{kN/m}^3$, 내부마찰각 $\phi = 24°$이다.

(개념)

배면토의 지표면이 경사($\beta=15°$)이므로, 주동토압계수 $K_A = \dfrac{\cos\beta - \sqrt{\cos^2\beta - \cos^2\phi}}{\cos\beta + \sqrt{\cos^2\beta - \cos^2\phi}}$

수동토압계수 $K_P = \dfrac{\cos\beta + \sqrt{\cos^2\beta - \cos^2\phi}}{\cos\beta - \sqrt{\cos^2\beta - \cos^2\phi}}$ 가 되어, 주동토압 $P_A = \dfrac{1}{2}\gamma_t H^2 \cos\beta\, K_A$

수동토압 $P_P = \dfrac{1}{2}\gamma_t H^2 \cos\beta\, K_A$으로 구합니다.

[해답]

주동토압계수 K_A는

$$K_A = \frac{\cos\beta - \sqrt{\cos^2\beta - \cos^2\phi}}{\cos\beta + \sqrt{\cos^2\beta - \cos^2\phi}} = \frac{\cos 15° - \sqrt{\cos^2 15° - \cos^2 24°}}{\cos 15° + \sqrt{\cos^2 15° - \cos^2 24°}} = 0.509666$$

수동토압계수 K_P는

$$K_P = \frac{\cos\beta + \sqrt{\cos^2\beta - \cos^2\phi}}{\cos\beta - \sqrt{\cos^2\beta - \cos^2\phi}} = \frac{\cos 15° + \sqrt{\cos^2 15° - \cos^2 24°}}{\cos 15° - \sqrt{\cos^2 15° - \cos^2 24°}} = 1.96226$$

이 된다.

주동토압 P_A는

$$P_A = \frac{1}{2}\gamma_t H^2 \cos\beta\, K_A = \frac{1}{2} \times 18 \times 5^2 \times 0.4923 = 110.8 \text{[kN/m]}$$

수동토압 P_P는

$$P_P = \frac{1}{2}\gamma_t H^2 \cos\beta\, K_P = \frac{1}{2} \times 18 \times 5^2 \times 1.8954 = 426.5 \text{[kN/m]}$$

이 된다.

■ 사면의 안정(원호활동하는 면으로 인한 안정해석)
 통상적으로 활동면의 위치를 사전에 특정하는 것은 곤란하며, 다음의 수순을 반복하여 안전율 F_s을 비교 검토합니다.

[안정해석 수순]
① 활동(滑動) 원호중심점 O와 반경 R을 가정한다.

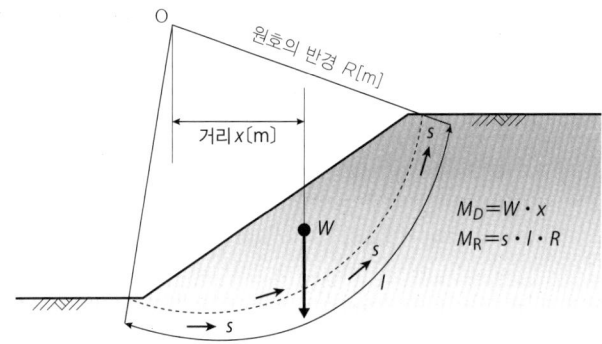

② 가정한 활동하는 면에 작용하는 활동 모멘트 M_D(중심점 O에 대한 전단력 모멘트)와 저항 모멘트 M_R(중심점 O에 대한 전단저항 모멘트)을 산출하여, M_D에 대한 M_R의 비에서 가정한 활동면의 안전율 F_s를 구한다.

$$F_s = \frac{M_R}{M_D}$$

③ 중심점과 반경이 다른 활동면을 가정하여, ②의 계산을 반복하여 안전율 F_s의 최소값을 주는 원(임계원)을 검토한다.

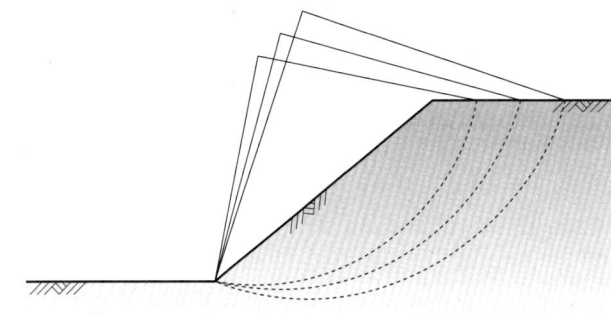

 이로 인해 얻어진 안전율 F_s의 최소값을 이 사면의 활동 파괴에 대한 안전율이라고 합니다.

■ 사면의 안정 (평면 활동의 안정해석)

[예제 3]
그림과 같은 사면(경사각 $\beta=25°$)에 관해서, 평면활동파괴에 대한 안전율 F_s을 구하라. 단, 사면을 구성하는 흙의 점착력 $c=8kN/m^2$, 내부마찰각 $\phi=20°$, 단위체적중량 $\gamma_t=18kN/m^3$이다.

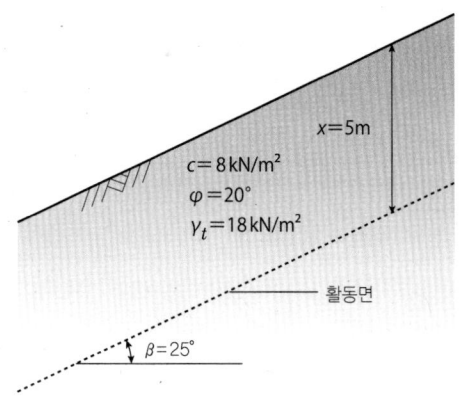

(개념)
p.242에서 도입한 식에, 모든 조건을 대입하여 평면활동파괴에 대한 안전율 F_s를 산출합니다.

[해답]
$c=8kN/m^2$, $\phi=20°$, $\gamma_t=18kN/m^3$, $z=5m$, $\beta=25°$에서 안전율 F_s은

$$F_s = \frac{2c}{\gamma_t z \cdot \sin 2\beta} + \frac{\tan \phi}{\tan \beta} = \frac{2 \times 8}{18 \times 5 \times \sin(2 \times 25°)} + \frac{\tan 20°}{\tan 25°} = 1.01$$

이 된다.

그러므로, 안전율 $F_s > 1$이며, 이 사면에서 평면 활동은 발생하지 않는다.

■ 사면의 안정(Taylor의 안정도로 인한 안정해석)

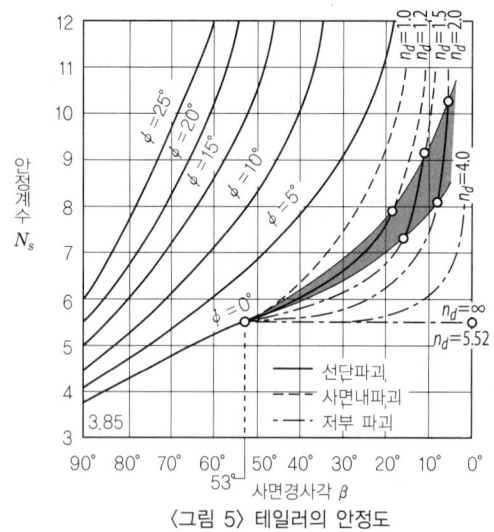

〈그림 5〉 테일러의 안정도

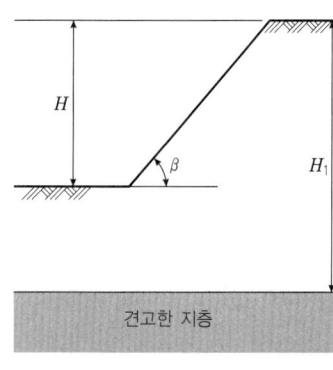

깊이 계수 n_d

균질한 흙으로 된 사면의 안정해석은 테일러의 안정도가 이용됩니다. 〈그림 5〉에서 안정계수 N_s를 해독하여 다음 식으로 사면이 붕괴되지 않는 한계높이 H_c, 안전율 F_s를 구하여 안정성을 판단합니다. 내부마찰각 $\phi=0°$ 또한 사면경사각 $\beta<53°$인 경우에는 β와 깊이 계수 $n_d(=$ 법견$)$에서부터 견고한 지층까지의 깊이 $H_1[\mathrm{m}]$/사면의 높이 $H[\mathrm{m}]$로 부터 안정계수 N_s를 해독하여 한계높이 H_c를 구합니다.

한계높이 $H_c = N_s \dfrac{c}{\gamma_t}$ [m]

여기서 c : 사면토의 점착력$[\mathrm{kN/m^2}]$, γ_t : 사면토의 단위체적중량

안전율 $F_s = \dfrac{H_c}{H}$

[예제 4]

　점착력 $c=18\mathrm{kN/m^2}$, 내부마찰각 $\phi=0°$, 단위체적중량 $\gamma_t=15\mathrm{kN/m^3}$의 점토지반을 연직(사면경사각 $\beta=90°$)으로 깊이 $H=4\mathrm{m}$까지 굴삭하는 경우, 안전율 F_s은 얼마인가?

(개념)

테일러의 안정도(그림 5)에서, 사면경사각 $\beta=90°$, 내부마찰각 $\phi=0°$에 대한 안정계수 N_s를 해독하여, 위의 식에 대입하여 한계높이 H_c, 그리고 안전율 F_s를 구합니다.

[해답]

테일러의 안정도에서 안정계수 $F_s=3.85$이다. 한계높이 H_c는

$$H_c = N_s \dfrac{c}{\gamma_t} = 3.85 \times \dfrac{18}{15} = 4.62[\mathrm{m}]$$

따라서 안전율 F_s은

$$F_s = \dfrac{H_c}{H} = \dfrac{4.62}{4} = 1.16$$이 된다.

■ 기초의 지지력 (얕은 기초)

[예제 5]
그림과 같은 2층으로 된 지반에 근입심 D_f=4m의 기초를 설치한다. 기초의 형상이 다음 ①~③인 경우에 관해, 각각 극한지지력 q_u를 구하라.
① 연속 푸팅 기초(폭 B=6m)
② 정사각형 푸팅 기초(일변 폭 B=6m)
③ 직사각형 푸팅 기초(단변 B=6m, 장변 L=12m)

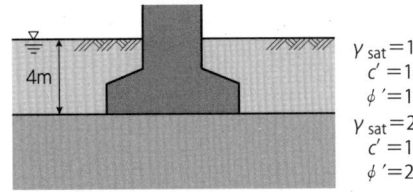

2층지반에 설치된 푸팅 기초

γ_{sat}=19 [kN/m³]
c'=12 [kN/m²]
ϕ'=10°

γ_{sat}=20 [kN/m³]
c'=10 [kN/m²]
ϕ'=20°

건축기초구조설계지침에 의한 지지력계수

ϕ'[°]	N_c	N_q	N_γ
0	5.1	1.0	0.0
5	6.5	1.6	0.1
10	8.3	2.5	0.4
15	11.0	3.9	1.1
20	14.8	6.4	2.9
25	20.7	10.7	6.8
28	25.8	14.7	11.2
30	30.1	18.4	15.7
32	35.5	23.2	22.0
34	42.2	29.4	31.1
36	50.6	37.8	44.4
38	61.4	48.9	64.1
40 이상	75.3	64.2	93.7

건축기초구조설계지침에 의한 형상계수

기초저면의 형상	연속	정사각형	직사각형	원형
α	1.0	1.3	$1.0+0.3\dfrac{B}{L}$	1.3
β	0.5	0.4	$0.5-0.1\dfrac{B}{L}$	0.3

B : 직사각형의 단변 길이 L : 직사각형의 장변 길이

(개념)
지하수위가 지표면과 일치하기 때문에, 각층의 단위체적중량 γ_1, γ_2는 수중단위체적중량 $\gamma'(=\gamma_{sat}-\gamma_w)$ [kN/m³]을 이용합니다. 기초 밑바닥의 내부마찰각 ϕ=20°에 대한 지지력계수 N_c, N_q, N_γ, 각 형상에 대한 형상계수 α, β를 위의 표에서 해독하여, 지반의 극한지지력 $q_u = \alpha c N_c + \beta \cdot \gamma_1 \cdot B \cdot N_\gamma + \gamma_2 D_f N_q$의 식으로 구합니다.

[해답]
지지력계수 N_c=14.8, N_q=6.4, N_γ=2.9로, 기초바닥면보다 하부의 단위체적중량 $\gamma_1=\gamma_{sat}-\gamma_w$=20-9.8=10.2kN/m³, 상부의 단위체적중량 $\gamma_2=\gamma_{sat}-\gamma_w$=19-9.8=9.2[kN/m³]이다.

① 연속 푸팅 기초(폭 B=6m)
형상계수 α=1.0, β=0.5이므로 극한지지력 q_u는
$q_u=\alpha c N_c+\beta\gamma_1 B N_\gamma+\gamma_2 D_f N_q=(1.0\times10\times14.8)+(0.5\times10.2\times6\times2.9)+(9.2\times4\times6.4)$
$=472[kN/m^2]$이 된다.

② 정사각형 푸팅 기초(일변 폭 B=6m)
형상계수 α=1.3, β=0.4이므로 극한지지력 q_u는
$q_u=\alpha c N_c+\beta\gamma_1 B N_\gamma+\gamma_2 D_f N_q=(1.3\times10\times14.8)+(0.4\times10.2\times6\times2.9)+(9.2\times4\times6.4)$
$=498.912[kN/m^2]$이 된다.

③ 직사각형 푸팅 기초(단변 $B=6$m, 장변 $L=12$m)

형상계수 $\alpha=1.0+0.3\dfrac{B}{L}=1.0+0.2\times\dfrac{6}{12}=1.15$, $\beta=0.5-0.1\dfrac{B}{L}=0.5-0.1\times\dfrac{6}{12}=0.45$

이므로, 극한지지력 q_u는

$q_u=\alpha cN_c+\beta\gamma_1 BN_\gamma+\gamma_2 D_f N_q=(1.1\times10\times14.8)+(0.4\times10.2\times6\times2.9)+(9.2\times4\times6.4)$
$=485.586$[kN/m²]이 된다.

■ 기초의 지지력 (얕은 기초)

(1) 마이어호프(Meyerhof)의 실용 산정식

마이어호프는 사질 지반에 관한 극한지지력 Q_u과 표준관입시험의 N값의 관계와 파일의 주면마찰력 f_s[kN/m²]과 N값의 관계 등을 서로 관련지어 다음의 사질지반에 관한 파일의 극한지지력 Q_u[kN]의 반 실험공식을 제안하였습니다.

극한지지력 $Q_u=9.81\left(40NA_p+\dfrac{\overline{N}}{5}A_s\right)$ (Meyerhof의 실용식)

여기서 N : 파일 끝 지반의 N값, $\overline{N}$: 파일주면지반의 평균 N값, A_p : 파일 끝의 단면적[m²], A_s : 파일의 주면적[m²]을 나타내며, 중력단위 [tf]를 SI 단위[kN]로 환산하기 위해 9.81을 곱하였습니다.

(2) 건축기초구조설계지침의 실용 산정식

현장에서의 파일 설치는, 기성제품 파일을 이용하는 '박아넣기 파일 공법'과 원위치에서 파일을 조성하는 '현장박기 파일 공법' 등 다양하며, 실용식의 각 계수는 이 공법에 따라 다릅니다. 또 이 식은 사질토지반을 대상으로 제안된 것으로, 점성토지반에 대해서는 비배수 전단강도 s_u를 이용하여 산정합니다. 또한 건축기초구조설계지침에서는 파일의 설치방법과 지반 특성이 적절하게 반영되도록 산정식을 확장한 극한지지력 Q_u의 실용 산정식을 다음과 같이 규정하였습니다.

〈표 1〉 파일의 연직지지력의 실용 산정식

	파일의 극한지지력 $Q_u=Q_p+Q_s$ [kN/개/본]			
	끝 지지력 Q_p		주면마찰력 Q_s	
	사질토	점성토	사질토 부분	점성토 부분
타입파일	$300\overline{N_1}A_p$ $\overline{N_1}$: 파일끝에서 아래쪽으로 1D, 위쪽으로 4D 범위 지반의 평균 N값(단, $\overline{N_1}\leq60$)	$6S_{u1}A_p$ S_{u1} : 파일 끝 위치에서의 비배수전단강도[kN/m²] (단, $S_{u1}\leq3000$[kN/m²])	$2.0\overline{N_2}A_s$ $\overline{N_2}$: 파일 주면 지반의 평균 N값(단, $\overline{N_2}\leq50$)	$S_{u2}A_s$ S_{u2} : 파일 주면지반의 평균 비배수전단강도[kN/m²] (단, $S_{u2}\leq100$[kN/m²])
장소박기파일	$100\overline{N_1}A_p$ $\overline{N_1}$: 파일끝에서 아래쪽으로 1D, 위쪽으로 1D 범위 지반의 평균 N값 (단, $\overline{N_1}\leq75$) 매입 파일	$6S_{u1}A_p$ ($S_{u1}\leq1250$[kN/m²])	$3.3\overline{N_2}A_s$ ($\overline{N_2}\leq50$)	$S_{u2}A_s$ ($S_{u2}\leq100$[kN/m²])
	$200\overline{N_1}A_p$ $\overline{N_1}$: 파일끝에서 아래쪽으로 1D, 위쪽으로 1D 범위 지반의 평균 N값 (단, $\overline{N_1}\leq60$)	$6S_{u1}A_p$ ($S_{u1}\leq2000$[kN/m²])	$2.5\overline{N_2}A_s$ ($\overline{N_2}\leq50$)	$0.8S_{u2}A_s$ ($S_{u2}\leq125$[kN/m²])

A_p : 파일 끝의 단면적[m²], A_s : 사질토 부분·점성토 부분의 파일 주면적[m²], D : 파일의 직경

[예제 5]
　　그림과 같은 지반에 직경 50cm의 기성제품 콘크리트 파일을 타입하였다. 건축기초구조설계지침에 따라 파일의 극한지지력을 구하라.

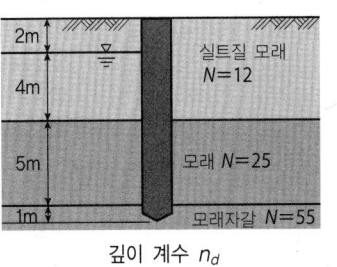

깊이 계수 n_d

(개념)
〈표 1〉에서, 타입 파일의 끝은 사질토에서 연직지지력을 받기 위해 첨단지지력 $Q_p = 300\overline{N}_1 A_p$, 파일의 주면은 사질토층과 만나기 때문에 주면마찰력 $Q_s = 2.0\overline{N}_2 A_p$가 됩니다.

[해답]
실용 산정식의 표에서, 극한지지력 $Q_u = 300\overline{N}_1 A_p + 2.0\overline{N}_2 A_p$를 얻어

$$\overline{N}_1 = \frac{(55 \times 0.5) + \{55 \times 1)(25 \times 1)\}}{0.5 + 2} = 43, \quad A_p = \frac{\pi \times 0.5^2}{4} = 0.196[m^2]$$

$$\overline{N}_2 = \frac{(12 \times 6) + (25 \times 5)}{6 + 5} = 17.91, \quad A_s = \pi \times 0.5 \times 11 = 17.28[m^2]$$

을 대입하면 연직지지력 Q_u는 다음과 같이 된다.
$$Q_u = 300\overline{N}_1 A_p + 2.0\overline{N}_2 A_s = (300 \times 43 \times 0.196) + \{2.0 + (17.91 \times 27.28)\} = 3019[kN/개/본]$$

■ 마이너스의 주면마찰(negative friction)

　　지지 파일에 작용하는 연직하중은 통상적으로 끝 지지력 Q_p와 주면마찰력 Q_s로 지탱되며, 지반침하가 발생하지 않은 지반의 파일 주면에는, 파일을 지지하는 상향의 마찰력(플러스의 마찰력)이 작용합니다. 한편, 파일 설치 후에 지하수위의 저하 등으로 지반침하가 진행되고 있는 지반의 파일 주면에는, 지지력에 공헌하지 않고, 하중과 동일하게 작용하는 하향의 마찰력(마이너스의 마찰력)이 작용합니다.

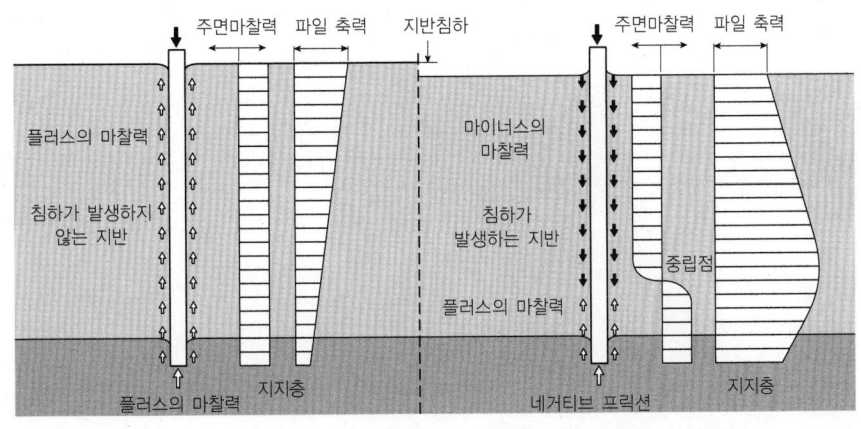

깊이 계수 n_d

제7장 지반의 안정·지지 문제?

찾아보기

◀영문▶
- $\sqrt{t}$법 ················178
- Δe법 ············171, 172
- C_c법 ·············171, 172
- CD 시험 ···············204
- CU 시험 ···············204
- e-logp 곡선 ············172
- GP 샘플링(sampling) ······38
- log t법 ················178
- m_v법 ·············171, 172

◀ㄱ▶
- 간극 ···················48
- 간극률 ·················52
- 간극비 ·················52
- 간극수압 ··········103, 114
- 간이동적 콘(corn) 관입시험 ···39
- 간편법 ················243
- 갱신통 ·················30
- 건조밀도 ················58
- 건조상태 ················51
- 과압밀 ················169
- 과압밀비 ···············169
- 과압밀점토 ·············169
- 과잉간극수압 ···········115
- 극한지지력 ·············256
- 깊은 기초 ··············249
- 깊은 우물 ···············85

◀ㄴ▶
- 내적 영력 ···············23
- 네덜란드식 이중관 콘(corn) 관입시험 ···40
- 누수성대수층 ········83, 84
- 뉴마크(Newmark) ·······129
- 뉴마크(Newmark)의 직사각형 분할법 ······130

◀ㄷ▶
- 다르시(Darcy)의 법칙 ······91
- 다이레이턴시(diratancy) ···200
- 도식해법 ···············96
- 독립 푸팅(footing) 기초 ···250
- 동결 샘플링(sampling) ·····38
- 동수경사 ···············91
- 등응력선 ··············113
- 등포텐션(potential) 선 ···95, 96

◀ㄹ▶
- 래머(rammer)로 흙다짐 시험 ···72
- 랭킨(Rankine)의 토압론 ···231, 265
- 로터리식 삼중관 샘플러 ·····38
- 로터리식 이중관 샘플러 ·····38

◀ㅁ▶
- 마찰 말뚝 ·············252
- 말뚝기초 ··············251
- 모세관수 ···············81
- 모세관포화대 ···········81
- 모세관현상 ·············81
- 모어(Mohr)·쿨롱(Coulomb)의 파괴규준 ·····190, 198
- 모어(Mohr)의 응력원 ·····195
- 모어(Mohr)의 포락선 ·····198

◀ㅂ▶
- 배수거리 ··············174
- 법면 ··················233
- 변성암 ·················22
- 변수위 투수시험 ········101
- 보링(boring) ········32, 36
- 보일링(boiling) ·········137
- 복합활동 ··············237
- 본조사 ·················31

부동침하 · 151
부상 기초 · 250
부시네스크(Boussinesq)의 응력해 · · · · · · · · · · · · · · 125
분사현상 · 137
분할법 · 243
불압대수층 · 83, 84
불압지하수 · 84
불포화상태 · 51
블록 샘플링(block sampling) · · · · · · · · · · · · · · · · · · · 37

◀ㅅ▶
사면내파괴 · 238
사면의 안정해석 · 239
사운딩(sounding) · 33, 38
사토 · 26
사회 인프라(infrastructure) · 36
삼립법 · 181
삼축압축시험 · 197, 203, 214
상대밀도 · 210
샌드 드레인(sand drain) 공법 · · · · · · · · · · · · · · · · · 175
샘플링(sampling) · 34, 36
선단지지력 · 251
선단파괴 · 237
선행압밀하중 · 169
성토법면 · 233
소산 · 160
소성지수 · 63
소성한계 · 62
소성한계시험 · 72
속성작용 · 22
수동토압 · 227, 228, 264
수동토압계수 · 228
수두차 · 89
수축한계 · 62
스웨덴식 사운딩 시험 · 39
습윤밀도 · 57
습윤밀도시험 · 69
습윤상태 · 49
시준화석 · 29
식적토 · 26

신 월 샘플러(thin wall sampler) · · · · · · · · · · · · · · · · 38
실내 투수시험 · 100
심성암 · 22

◀ㅇ▶
안식각 · 192
안전율 · 138
압력구근 · 113
압력수두 · 87
압밀 · 153
압밀계수 · 166
압밀도 · 173
압밀시험 · 166, 177
압밀침하 · 153
압밀침하량 · 153
압축 · 177
압축계수 · 167
압축지수 · 167, 170
액상화 · 217
액성한계 · 62
액성한계시험 · 71
얕은 기초 · 249
얕은 우물 · 85
억제공 · 245
억지공 · 245
연속 푸팅(footing) 기초 · 250
영력 · 23
영향값 · 129
예민비 · 209
예비조사 · 31
오스터버그(Osterberg) · 130
외적 영력 · 23
운적토 · 26
원위치시험 · 31, 32
원호활동 · 236
위치수두 · 87
유선 · 95
유선망 · 95, 96, 104
유효경 · 93
유효응력 · 114

유효토피압	117
응력·변형특성	124
응력	111
응력해석법	240
이탄	26
인공사면	233
인터로킹(interlocking)	210
일면전단시험	191, 203, 212
일차원압밀	163
일축압축시험	203
입경	46
입도	48

◀ ㅈ ▶

자분정	86
자연사면	233
자유수	61, 62, 80
자유수면	84
자유지하수	84
잔적토	26
저부파괴	237
전단강도	189
전단상수	189
전단저항	188
전단파괴	188
전반 전단파괴	256
전응력	114
전체 기초	250
절토법면	233
점성계수	92
정규압밀	169
정규압밀점토	169
정수압	115
정수위 투수시험	101
정압시험	212
정적토	26
정지토압	227
정지토압계수	227
정체적시험	212
주동토압	227, 228, 264

주동토압계수	228
주면마찰력	251
중합원리	126
지반	23
지반공학	16
지반조사	31
지반침하	150
지지 말뚝	252
지지력	246
지질	36
지질연대	29
지질학	17
지층	25
지층누중의 법칙	27
지표수	78
지하수	78
직접기초	249

◀ ㅊ ▶

체적압축계수	152
최대건조밀도	59
최적함수비	59
충적층	30
층서	27
침식	21
침투단면적	95
침투력	133
침투유량	94

◀ ㅋ ▶

캐사 그랜디(Casa Grande) 법	181
컨시스턴시(consistency) 한계	63
컨시스턴시(consistency)	61
케이슨(caisson) 기초	251
쿨롱(Coulomb) 식	192
쿨롱(Coulomb)의 토압론	231, 264
쿨롱(Coulomb)의 파괴선	191

◀ ㅌ ▶

탄성론	124

탄성체 · 111
테일러(Taylor)의 안정도 · 270
토압 · 222
토압계수 · 226
토양학 · 17
토중수 · 78
토질 · 36
토질시험 · 31, 34
토질역학 · 17, 19
토질재료 · 47
토피압 · 117
통기층 · 78
퇴적암 · 22
투수계수 · 92
투수성 · 83

◀ㅍ▶
파이핑(piping) · 137
평면활동 · 236
포터블 콘(portable cone) 관입시험 · · · · · · · · · · · · · 39
포화도 · 54
포화상태 · 51
포화층 · 78
푸아송(Poisson) 비 · 227
푸팅(footing) 기초 · 250
풍화 · 21
플럭스(flux) · 91
피압대수층 · 83, 84
피압지하수 · 84

◀ㅎ▶
하젠(Hazen)의 식 · 93
하중강도 · 255
하중강도-침하곡선 · 255
한계동수경사 · 138
함수비 시험 · 68
함수비 · 53
함수율 · 53, 54
함양 · 78
허용침하량 · 258
현장투수시험 · 100, 102
화산암 · 22
화성암 · 22
흑니 · 26, 66
흙 · 17
흙다짐 곡선 · 59
흙다짐 특성 · 56
흙덩어리 · 231
흙의 3상 구성 · 44
흙의 구성도 · 49
흙의 구조 · 48
흙의 입도시험 · 70
흙의 투수시험 · 100
흙입자의 밀도시험 · 68
흡착수 · 61, 80
히빙(heaving) · 140

〈저자 약력〉

가노 요스케(加納 揚輔)(공학박사)

2001년 니혼대학 생산공학부 토목공학과 졸업
2006년 박사과정 수료
2015년 니혼대학 생산공학부 전임강사
지반공학, 도로공학 전문

〈제작〉

주식회사 지 그레이프(g.Grape)

1972년 창업한 편집·디자인 프로덕션으로 교과서와 참고서 등의 교육 분야 중심으로 활동.
현재는 분야를 가리지 않고 잡지, 일반 단행본 등 다양한 출판물에도 참여하고 있으며,
기획부터 편집 디자인, 제작까지 종합적으로 책을 제작하는 집단.
2011년 1월부터 현재의 회사명으로 변경하여 운영 중.

만화로 쉽게 배우는 토질역학
원제: マンガでわかる 土質力學

2017. 1. 10. 1판 1쇄 발행
2025. 8. 20. 1판 2쇄 발행

지은이 | 가노 요스케(加納 陽輔)
그 림 | 구로 하치(黒八)
감 역 | 권유동
역 자 | 김영진
제 작 | g.Grape
펴낸이 | 이종춘
펴낸곳 | BM (주)도서출판 성안당

주소 | 04032 서울시 마포구 양화로 127 첨단빌딩 3층(출판기획 R&D 센터)
      10881 경기도 파주시 문발로 112 파주 출판 문화도시(제작 및 물류)
전화 | 02) 3142-0036
      031) 950-6300
팩스 | 031) 955-0510
등록 | 1973. 2. 1. 제406-2005-000046호
출판사 홈페이지 | www.cyber.co.kr
ISBN | 978-89-315-8015-0 (17530)
정가 | 18,000원

이 책을 만든 사람들
책임 | 최옥현
편집·진행 | 김정인
교정·교열 | 이태원
본문 디자인 | 김인환
표지 디자인 | 박원석
홍보 | 김계향, 임진성, 김주승, 최정민, 이해솔
국제부 | 이선민, 조혜란
마케팅 | 구본철, 차정욱, 오영일, 나진호, 강호묵
마케팅 지원 | 장상범
제작 | 김유석

이 책은 Ohmsha와 BM (주)도서출판 성안당의 저작권 협약에 의해 공동 출판된 서적으로, BM (주)도서출판 성안당 발행인의 서면 동의 없이는 이 책의 어느 부분도 재제본하거나 재생 시스템을 사용한 복제, 보관, 전기적·기계적 복사, DTP의 도움, 녹음 또는 향후 개발될 어떠한 복제 매체를 통해서도 전용할 수 없습니다.

■ 도서 A/S 안내

성안당에서 발행하는 모든 도서는 저자와 출판사, 그리고 독자가 함께 만들어 나갑니다.
좋은 책을 펴내기 위해 많은 노력을 기울이고 있습니다. 혹시라도 내용상의 오류나 오탈자 등이 발견되면 **"좋은 책은 나라의 보배"**로서 우리 모두가 함께 만들어 간다는 마음으로 연락주시기 바랍니다. 수정 보완하여 더 나은 책이 되도록 최선을 다하겠습니다.
성안당은 늘 독자 여러분들의 소중한 의견을 기다리고 있습니다. 좋은 의견을 보내주시는 분께는 성안당 쇼핑몰의 포인트(3,000포인트)를 적립해 드립니다.
잘못 만들어진 책이나 부록 등이 파손된 경우에는 교환해 드립니다.

만화로 쉽게 배우는 시리즈

만화로 쉽게 배우는 **반도체**

시부야 미치오 지음
강창수 번역
196쪽 / 18,000원

만화로 쉽게 배우는 **CPU**

시부야 미치오 지음
최수진 번역
260쪽 / 18,000원

만화로 쉽게 배우는 **암호**

미타니 마사아키, 사토 신이치 지음
이민섭 감역 / 박인용, 이재원 번역
240쪽 / 17,000원

만화로 쉽게 배우는 **머신러닝**

아라키 마사히로 지음
이강덕 감역 / 김정아 번역
216쪽 / 15,000원

만화로 쉽게 배우는 **유기화학**

하세가와 토시오 지음
조민진 감역 / 신미성 번역
208쪽 / 18,000원

만화로 쉽게 배우는 **생화학**

다케무라 마사하루 지음
오현선 감역 / 김성훈 번역
272쪽 / 18,000원

만화로 쉽게 배우는 **분자생물학**

다케무라 마사하루 지음
조현수 감역 / 박인용 번역
244쪽 / 17,000원

만화로 쉽게 배우는 **면역학**

가와모토 히로시 지음
임웅 감역 / 김선숙 번역
272쪽 / 17,000원

만화로 쉽게 배우는 **기초생리학**

다나카 에츠로 지음
김소라 번역
232쪽 / 17,000원

만화로 쉽게 배우는 **영양학**

소노다 마사루 지음
한규상 감역 / 신미성 번역
212쪽 / 17,000원

만화로 쉽게 배우는 **약리학**

에다가와 요시쿠니 지음
김영진 번역
240쪽 / 18,000원

만화로 쉽게 배우는 **프로젝트 매니지먼트**

히로카네 오사무 지음
김소라 번역
208쪽 / 18,000원

만화로 쉽게 배우는 **사회학**

구리타 노부요시 지음
이태원 번역
218쪽 / 16,000원

만화로 쉽게 배우는 **우주**

이시카와 켄지 지음
이태원 감역 / 양나경 번역
248쪽 / 16,000원

만화로 쉽게 배우는 **기술영어**

사카모토 마키 지음
박조환 감역 / 김선숙 번역
240쪽 / 16,000원

만화로 쉽게 배우는 **전파와 레이더**

나카츠카 고키, 노자키 히로시 지음
이중호 감역 / 김선숙 번역
240쪽 / 17,000원

※정가는 변동될 수 있습니다.